上海自然博物馆
Shanghai Natural History Museum
上海科技馆分馆
Branch of Shanghai Science & Technology Museum

本书获得
上海科普教育发展基金会
资助

鹦鹉螺漫画

不一样的生命

顾洁燕／主编
余一鸣　刘　楠／著

# 鸟儿不得了

上海科技教育出版社

图书在版编目（CIP）数据

鸟儿不得了 / 余一鸣，刘楠著. --上海：上海科技教育出版社，2021.1
（鹦鹉螺漫画. 不一样的生命）
ISBN 978-7-5428-7179-4

Ⅰ.①鸟… Ⅱ.①余… ②刘… Ⅲ.①鸟类-青少年读物 Ⅳ.①Q959.7-49

中国版本图书馆CIP数据核字（2020）第000108号

总 顾 问　左焕琛
策划顾问　王莲华　王小明　顾庆生

鹦鹉螺漫画 · 不一样的生命


# 鸟儿不得了

主　　编　顾洁燕
副 主 编　徐　蕾　王　瑜
本册作者　余一鸣　刘　楠
项目统筹　刘　楠　娄悠猷
插　　画　董春欣　沈晨毅　季钰滢　陈越笛　韩亦知
　　　　　蔡文婕　叶玲蓓　曹宇文　李芳园　邹子欣
科学顾问　何　鑫　葛致远
责任编辑　郑丁葳
书籍设计　肖祥德

出版发行　上海科技教育出版社有限公司
　　　　　（上海市柳州路218号　邮政编码 200235）
网　　址　www.sste.com
　　　　　www.ewen.co
经　　销　各地新华书店
印　　刷　上海锦佳印刷有限公司
开　　本　787 × 1092　1/16
印　　张　11.5
版　　次　2021 年 1 月第 1 版
印　　次　2021 年 1 月第 1 次印刷
书　　号　ISBN 978-7-5428-7179-4/G·4198
定　　价　65.00元

# 序

孩子对于世界有着天然的好奇，我们很少看到有哪个孩子愿意整天老老实实待在书桌前面读着教科书，即使那些书本也花花绿绿，挺好看的。孩子们向往真实的世界——看得到、摸得着的世界，不管是那些动起来的生命，比如飞鸟、虫子、猫和狗，还是那些根本不会动的积木、娃娃、小玩具，都能勾起孩子们的好奇心。孩子们希望与这个世界握手。

去野外就是与世界握手。选一个暑假，去离城市很远的山里，观察一只清晨趴在青冈树干上贪婪地吸树液的扁锹甲；选一个周末，去离学校很远的公园里，欣赏两只白头鹎在同一棵香樟树上抢食绿色的凤蝶幼虫；甚或选一个绿色的早晨，去离书桌很远的草坪上，和小伙伴拔下一根草茎“斗草”，比比谁采的茎干更硬。

自然界也想多一些和人类握手的机会。

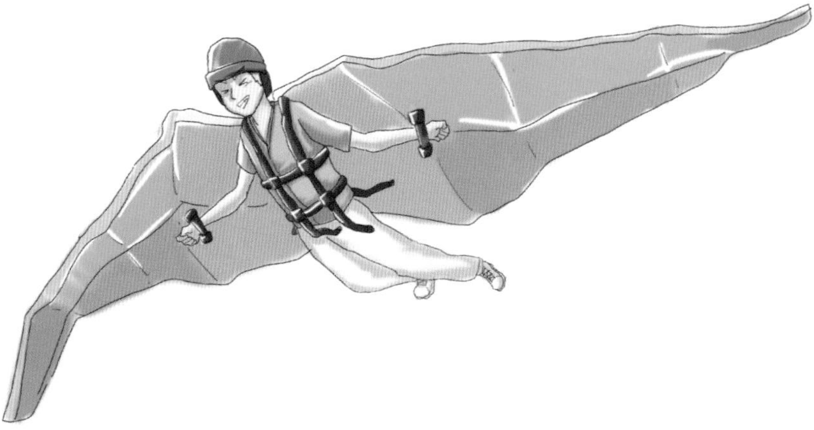

# 前　言

我打赌拿到这本书的你一定是一个对鸟类感兴趣的人，不然你根本不会翻开它。事实上，世界上像你一样的人可不少，他们都热爱自然，而且可能钟爱某一类生物。不过，也有人不喜欢走出家门。拿到这本书的你是怎样的一个人呢？

A. 热爱数学，喜欢逻辑推理，总是准时完成任务！

B. 喜欢在外玩耍，上山下水，一天不疯就浑身难受！

C. 兴趣广泛，什么都愿意试一试，偶尔还会画画花花草草！

选择 A 的你，分子生物学之门将为你打开，剥开生命的果壳，生物的遗传密码等你去研究，生命彼此之间

的进化关系等你去探寻！

如果你选择B，快带着你好动的身体进入山林，抓虫看鸟，那些生命世界的新物种等着你去发现、命名，你有可能成为一名充满生活情趣的博物学家！

选择C的小伙伴，你是一个心思缜密又充满好奇心的人，敢于尝试的你一定会找到自己热爱的生物，带上你的照相机，未来的自然摄影家就是你了！

我不能保证你成为一名生物学家，但是这本书将会带你走进一个神秘而又真实的鸟类世界，开启一段奇妙的旅程！

如果你足够好奇、勇敢，年龄又足够大的话，野外夏令营一定是你不想错过的。也许，拿起这本书的你已经在野外扎营了！不过我想问你，你的营地里有 Birdman 体验室吗？有动物合唱团吗？

瞧！这里就有！神奇营地的鸟世界——带你飞天遁地，与鸟同行！

鸟儿不得了

# 目录

## 1 菜鸟训练营



## 2 Birding 学院

## 3 Birdman改造计划

## 4 神奇宝贝城

## 5 复活吧！博物馆神鸟

欢迎来到神奇营地！

这里汇集了真实世界中不可能在一起的鸟类。

扫码了解更多

鸟儿不得了

# 1

# 菜鸟训练营

欢迎来到神奇营地！这里汇集了真实世界中不可能在一起的鸟类，在这里你可以同时感受到高原、沙漠、森林、湖泊、湿地这五种不同的环境，这里还有一群和你一样对鸟类感兴趣的小伙伴！不过，营地里有许多关卡，想要通过神奇营地的结业考核，必须要一个人打通关！

## 营员的考察

世界上一共有多少种鸟？不妨先来回答另一个问题，世界上有多少种昆虫？答案是数百万，而且每年会增加5000—6000个新物种。我们再回过头来猜一猜，鸟类一共有多少种呢？

答案是10 973种（国际鸟类学家联合会世界鸟类名录截至2018年数据）。这么一比较，鸟类数量仅为昆虫的百分之一，似乎也不算多。现在我们来做一个游戏，把这一万多种鸟类按照彼此亲缘关系的远近来分类，你会怎么分？

你是什么学校的？几年级？几班？别怕，这儿没有老师来查你，只是想让你给上面一万多只鸟分分学校班级而已！

用分类学家的话来说，鸟类属于动物界脊索动物门脊椎动物亚门鸟纲，鸟纲下面的分类单位是：目、科、属，最后一级才是物种名。比如说：中国常见的大嘴乌鸦，就是这么去分类的：

鸟纲

雀形目

鸦科

鸦属

大嘴乌鸦

这个从高到低的分类方式很像学校里的班级划分，比如，你一定是在某一年级的某一个班里，可能是五年级三班，这时你就可以把“科”和“属”想象成“几年级”和“几班”。而与学校对应的呢，就是“目”。那么大嘴乌鸦是哪个学校的呢？它应该去雀形学校，而下面这只却偏偏要跟着黑天鹅去雁形学校，难怪黑天鹅要拦住它！

大嘴乌鸦　　黑天鹅

如果让全世界的鸟都上学的话，一定要把相近的物种分在同一所学校、甚至同一个班级。为什么呢？想象一下，如果把金雕和赤麻鸭分在同一个班级，会发生什么？

所以请金雕同学还是老老实实去隼形学校的真雕班吧！

隼形学校的同学们偶尔也会找其他学校的伙伴玩，比如这几位：

鸵鸟

帝企鹅

斑嘴鹈鹕

想要加入我们的鸟类学校吗？这 34 所学校有各自不同的特色，学习氛围差别也很大，最重要的是，它们对新生有严格的资格要求，比如腿长、嘴形、食性偏好等。你的身体特征和行为习惯适合哪一所学校呢？快如实把申请表填好吧！

# 入学申请表

**姓名**

______________________

**身体数据**

腿长__________________

手臂长________________

嘴巴最宽处_____________

**体育爱好**

☐ 跑步

☐ 游泳 ☐ 跳水 ☐ 潜水

☐ 皮划艇

☐ 声乐

**食性偏好**

☐ 鲫鱼 ☐ 贻贝 ☐ 野栗子 ☐ 蝉蛹 ☐ 虾 ☐ 野兔

**入学地偏好**

☐ 美洲 ☐ 非洲 ☐ 大洋洲 ☐ 亚欧大陆 ☐ 全球游学

**作息时间**

☐ 白天睡觉 + 晚上学习

☐ 白天学习 + 晚上睡觉

填好了吗？
看看下面这些学校的介绍，
猜猜哪所学校会录取你吧。

**鸵鸟学校**
**1 个种**

**特色**
顶级田径训练

**入学资格**
100 米跑测试成绩达到 5.98 秒

**身材**
身高 2.5 米，体重 150 千克

**校园名人**
鸵鸟

**美洲鸵鸟学校**
**2 个种**

**特色**
美洲全野外教学

**入学资格**
身高 0.9—1.8 米准许入学

**学习氛围**
与鸵鸟势不两立

**校园名人**
小美洲鸵

鹤鸵学校
4 个种

特色
大洋洲全野外教学

入学资格
只招大洋洲地区三个脚趾的有缘之鸟

学习氛围
与非洲和美洲的鸵鸟势不两立

校园名人
鸸鹋（ér miáo）

无翼学校
3 个种

特色
新西兰授课

入学资格
弱视、手有伤残者免费入校

学习氛围
白天睡觉、夜间活动

校园名人
褐几维

䴔（gōng）形学校
47 个种

特色
嫩芽、果实、昆虫可口不限量

入学资格
出生于美洲

学习氛围
常走路聊天

校园名人
茶胸林䴔

**企鹅学校**
**17 个种**

**特色**
潜水特训

**入学资格**
潜水深度 100 米以上

**学习氛围**
风大的时候要抱团取暖

**校园名人**
帝企鹅、阿德利企鹅

**潜鸟学校**
**5 个种**

**特色**
潜水特训

**入学资格**
在水下憋气 8 分钟

**学习氛围**
下课就去捕鱼

**校园名人**
红喉潜鸟

**䴙䴘（pì tī）学校**
**22 个种**

**特色**
湖上授课

**入学资格**
必须会跳舞

**学习氛围**
除了抓鱼，还爱跳舞

**校园名人**
小䴙䴘

**鹱(hù)形学校**
**100 多个种**

**特色**
海上授课

**入学资格**
喝海水并且能从鼻子里排出盐

**学习氛围**
只在空中碰面

**校园名人**
短尾信天翁、圆尾鹱

**鹈(tí)形学校**
**60 多个种**

**特色**
空中俯冲法捕鱼课

**入学资格**
下颌皮肤(喉囊)松弛到能存放 3 条鲫鱼

**学习氛围**
下课就去捕鱼

**校园名人**
蓝脚鲣(jiān)鸟、鸬鹚(lú cí)、斑嘴鹈鹕(hú)

**鹳(guàn)形学校**
**100 多个种**

**特色**
叉鱼精品课

**入学资格**
腿、脖子和嘴巴要比一般人长

**学习氛围**
经常与鹈形学校的同学比拼捕鱼

**校园名人**
苍鹭、鲸头鹳

**红鹳学校**
**5 个种**

**特色**
火红色校服

**入学资格**
必须有集体宿舍居住经验

**学习氛围**
走到哪儿都是一团火红色袭来

**校园名人**
火烈鸟

**雁形学校**
**100 多个种**

**特色**
每年一次长途游学

**入学资格**
持续飞行 40 小时测试

**学习氛围**
每次长途游学大家都主动排好“人”字形队

**校园名人**
冠叫鸭、大天鹅

**隼（sǔn）形学校**
**300 多个种**

**特色**
一对一单独授课

**入学资格**
15 分钟内“徒手”抓野兔

**学习氛围**
各自独来独往

**校园名人**
游隼

**鸡形学校**
**200 多个种**

**特色**
男性魅力修炼课

**入学资格**
男生凭独特头饰入学，女生随便

**学习氛围**
自由恋爱

**校园名人**
白冠长尾雉（zhì）

**麝（shè）雉学校**
**1 个种**

**特色**
异香养成课

**入学资格**
出生于南美洲

**学习氛围**
同学人数极少

**校园名人**
麝雉

**鹤形学校**
**200 多个种**

**特色**
水滩授课

**入学资格**
腿长（实在不够长的话，能和同学相处融洽也行）

**学习氛围**
同学间样貌差异大，一不小心会打起来

**校园名人**
丹顶鹤、大鸨、黄脚三趾鹑（chún）

鸻（héng）形学校
300 多个种

特色
食堂超棒！

入学资格
测试 10 分钟吃掉 100 个贻贝

学习氛围
食堂常有一伙贼鸥偷食物

校园名人
金眶鸻

沙鸡学校
16 个种

特色
水源定位训练

入学资格
荒漠草原生存测试

学习氛围
常一起越野训练

校园名人
毛腿沙鸡

鸽形学校
309 个种

特色
18 天奶茶创作课

入学资格
能够自制鸽奶

学习氛围
长相类同，老实乖巧

校园名人
珠颈斑鸠

鹦形学校
353 个种

特色
口技课

入学资格
有先锋时装品位

学习氛围
品位不同，经常斗嘴

校园名人
小葵花鹦鹉

鹃形学校
159 个种

特色
鸟蛋模仿课

入学资格
10 秒迅速下蛋测试

学习氛围
学习氛围浓厚，成绩差就会被淘汰

校园名人
大杜鹃

鸮（xiāo）形学校
205 个种

特色
猫头鹰夜行课

入学资格
两耳高低不同的天赋异禀者

学习氛围
晚上出门，白天睡觉

校园名人
长耳鸮

**夜鹰学校**
**100 多个种**

**特色**
夜间抓虫特训

**入学资格**
嘴边缘要裂开足够大

**学习氛围**
晚上出门，白天睡觉

**校园名人**
普通夜鹰

---

**雨燕学校**
**101 个种**

**特色**
高端定制唾液巢课

**入学资格**
随时流口水测试

**学习氛围**
只在空中玩，从不“脚踏实地”

**校园名人**
金丝燕

---

**蜂鸟学校**
**329 个种**

**特色**
飞行采蜜特技

**入学资格**
1 秒扇动翅膀 50 次

**学习氛围**
成立有美洲同学会，定期聚会

**校园名人**
安氏蜂鸟

**鼠鸟学校**
**6 个种**

**特色**
灌木丛跑酷课

**入学资格**
出生于非洲

**学习氛围**
同学不多，也不经常上街，会被打

**校园名人**
蓝项鼠鸟

**咬鹃学校**
**39 个种**

**特色**
森林建筑培训

**入学资格**
着装闪亮者准入学

**学习氛围**
各自独来独往

**校园名人**
红腹咬鹃

**佛法僧学校**
**100 多个种**

**特色**
修身养性

**入学资格**
答对“什么是佛教三宝”

**学习氛围**
颜值极高却从不炫耀

**校园名人**
三宝鸟

**戴胜学校**
**1 个种**

**特色**
甲虫宝宝采集课

**入学资格**
头上要有羽冠

**学习氛围**
毕业后争相前往以色列享受“国鸟”待遇

**校园名人**
戴胜

**犀鸟学校**
**57 个种**

**特色**
食堂水果鲜美

**入学资格**
嘴巴要超大

**学习氛围**
经常两人同桌

**校园名人**
冠斑犀鸟

**鹟䴕（wēng liè）学校**
**18 个种**

**特色**
食虫课

**入学资格**
有南美洲定居意向

**学习氛围**
入学第一天大家都在学写自己的名字

**校园名人**
黑腹鹟䴕

**鴷形学校**
**357 个种**

**特色**
甲虫宝宝采集课

**入学资格**
舌头舔鼻尖测试

**学习氛围**
有矛盾会用嘴狂拍桌子

**校园名人**
灰头绿啄木鸟

**雀形学校**
**5000 多个种**

**特色**
Beat-Box、声乐课程

**入学资格**
嗓门亮

**学习氛围**
一言不合就飙（biāo）歌

**校园名人**
红嘴相思鸟

**鸟世界百科**

把一万多种“鸟同学”分进 34 个“学校”，这种做法出自 2012 年版《鸟类学》（郑光美先生主编）。如果你要问：为什么这样分？生物学家会告诉你：一是依据“鸟同学”的体型长相，二是依据“鸟同学”的行为特点，三是依据“鸟同学”的 DNA。不过，这并非一成不变，物种分类是会随着新证据而发生改变的。想知道鸟类学家最新的发现吗？请去国际鸟类学家联合会的网站（http://www.worldbirdnames.org/）看看吧！

现在你知道自己适合哪所鸟类学校了吧？快去认识一下你的同学们吧！

## 胶囊鸟世界

一个人有没有可能认识全世界所有的物种？恐怕很难。在过去，人们称呼那些认识许多自然界动物、植物、矿物种类的人为“博物学家”。经过几百年的积累，如今生物学家记录在册的物种数量比从前多了很多，要想做一个了解自然的博物学家可没那么简单了！

就拿鸟类来说吧。今天，当我们问到“什么是鸟类”的时候，鸟类学家会告诉我们，它们是嘴里不长牙齿、前肢进化为翅膀，而且全身覆盖着羽毛的动物。

加入鸟学校的你已经知道：34 个鸟学校共有一万多个同学，假如让你和各个学校的同学交朋友，按照每天认识 5 个新朋友的速度，恐怕你需要 2000 天，也就是 5 年半的时间。天哪！

还好，新手训练营每年都会举办一次大聚会，邀请这 34 所学校的所有同学参加。为了照顾好性格迥异的同学们，今年聚会还特意把那些身体结构和饮食习惯相近的捣蛋鬼安排在了一起，造了 8 座“胶囊鸟世界”，一起去看看吧！

你好，
我是聚会区的项目经理。
生物必然要适应它所处的环境，
鸟世界的同学们也有不同的“生态类型”。
它们喜欢吃的和喜欢玩的都不一样，
接下来，将由我带你参观“胶囊鸟世界”。

# 鸵鸟田径场

鸵鸟田径场最初开放时，有人嘲笑我："鸟世界都是飞着玩，你竟然想让它们在地上跑着玩？"现在你看，这里人气很火爆嘛！

这片田径场其实是专门为非洲、大洋洲和美洲的几个鸵鸟学校准备的。鸵鸟虽然丧失了飞行能力，但腿进化得越来越强壮，每天不跑两圈就"浑身难受"！瞧，我们准备了最空旷的场地，如果有一棵树阻挡了你奔跑时的视线欢迎来投诉。这里有最优质的沙土跑道，赤脚奔跑无比舒畅，还有最舒适的灌丛休息区——鹤鸵和几维

鸟同学的最爱。另外，如果你渴了、饿了，我们还提供免费植物浆果和肉质茎干哦！是不是已经迫不及待要来体验了？不过，我还要提醒你，低头不见抬头见的鸟类运动员偶尔也会有小摩擦。你看，跑道上有同学正在争第一呢！鸵鸟赢得很轻松，几维鸟却完全不想跑！

| 鸵鸟田径场 | | |
|---|---|---|
| 环境特色 | 森林 |  |
| | 荒漠 |  |
| | 草原 |  |
| | 泥滩 |  |
| | 水域 | 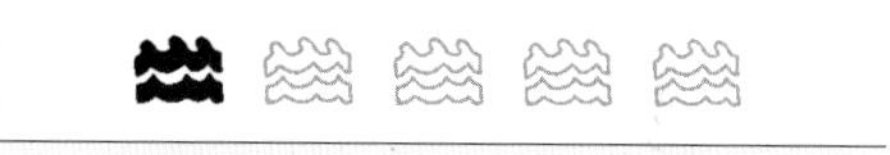 |
| 食物供应 | 焗昆虫 |  |
| | 鱼虾贝海陆大餐 |  |
| | 带血鲜肉块 |  |
| | 嫩叶芽素食 |  |
| | 水果甜点 |  |
| 入住学校 | | |

# 冰雪大世界

“为了把企鹅学校的同学们招揽过来，拼了！”这就是我当时的想法。因为它们人气太高了，一定会吸引更多同学来，也不枉费我一番心血打造的冰雪大世界。

看到厚厚的冰层没？帝企鹅正用饱含脂肪的肚子在上面“滑行”呢！冰层下面就是来自南极的海水，凭借流线形的身体和鱼鳍一样的翅，企鹅学校的同学们能够在这里游出鳟鱼一样的速度。不过，它们毕竟不是鱼

类，还是要探出头来换气的。冰雪大世界也要照顾到在非冰区生活的同学们，比如黄眼企鹅和斑嘴环企鹅，它们从新西兰和非洲南端远道而来，我们准备了常温岩石和沙滩。为了防止感冒，不要经常在冰区与非冰区来回穿行哦！

| 冰雪大世界 | | |
|---|---|---|
| 环境特色 | 森林 |  |
| | 荒漠 |  |
| | 草原 |  |
| | 泥滩 |  |
| | 水域 |  |
| 食物供应 | 焗昆虫 |  |
| | 鱼虾贝<br>海陆大餐 |  |
| | 带血鲜肉块 |  |
| | 嫩叶芽素食 |  |
| | 水果甜点 |  |
| 入住学校 | 企鹅学校 QI'E XUEXIAO | |

# 步行者森林公园

步行者森林公园欢迎喜欢散步的小伙伴，这些小伙伴大部分时间在陆地活动，因此被称作“陆禽”。它们都有强壮的腿脚，地上行走是基本生存技能，不过它们不像某些鸵鸟那样热衷田径，它们同样可以飞行一小段，而且极具爆发力。为了让陆禽同学们啄得放心、走得舒心、睡得安心，我们用了它们最喜欢的森林风格来打造

公园。你也许会问：“啄？不会是要啄我的屁股吧？”不不不，雉鸡同学的喙很硬，并且喜欢用嘴去戳地面，其实它们是在啄地上的小甲虫、草籽之类的东西吃。如果要来玩的话，我的建议是穿得鲜艳一点，这样才会在鸡形学校里成为受欢迎的时尚达人哦！

| 步行者森林公园 | | |
|---|---|---|
| 环境特色 | 森林 |  |
| | 荒漠 |  |
| | 草原 |  |
| | 泥滩 |  |
| | 水域 |  |
| 食物供应 | 焗昆虫 |  |
| | 鱼虾贝海陆大餐 |  |
| | 带血鲜肉块 |  |
| | 嫩叶芽素食 |  |
| | 水果甜点 |  |
| 入住学校 |  鸡形学校 JIXING XUEXIAO  鸻形学校 HENGXING XUEXIAO  沙鸡学校 SHAJI XUEXIAO | |

# 猛禽猎手区

欢迎进入猎手区！作为中大型食肉鸟类同学的生存居所，猎手区的基础装修很下血本：草原、沙丘、湖泊、山林，各种环境应有尽有。食肉的鸟同学性格孤傲，玩不到一块儿去，它们彼此都离得远远的，一个人占一片地盘，所以这个区域的地租非常贵。别说地租了，猎手区的伙食也特别好，什么旱獭呀、野兔呀，还有鱼，一

些同学还会吃腐烂的肉。

不过你可不要以为这个区域可以随便进来，隼形学校的那帮同学们可不是闹着玩的，它们天生就是食物链顶端的王者。想进猎手区玩，还要看看各位同学自己的本事够不够厉害！

| 猛禽猎手区 | | |
| --- | --- | --- |
| 环境特色 | 森林 | |
| | 荒漠 | |
| | 草原 | |
| | 泥滩 | |
| | 水域 | |
| 食物供应 | 焗昆虫 | |
| | 鱼虾贝<br>海陆大餐 | |
| | 带血鲜肉块 | |
| | 嫩叶芽素食 | |
| | 水果甜点 | |
| 入住学校 |  | |

# 爬树欢乐谷

最茂密的森林，最繁盛的树木等你很久了。想玩耍？给你最多的天然鸟抓板！想筑巢？给你最值得投资的房产！想育雏？给你最新鲜肥美的肉虫、小果！天然氧吧，攀禽之家，欢迎来到爬树欢乐谷！

爬树欢乐谷里最近迎来了一大批美丽又健谈的鹦鹉同学，它们不仅羽衣色彩绚丽，而且学习能力超强。你瞧！凤头鹦鹉、金刚鹦鹉正用它们适合攀缘的足爬树呢！巨嘴鸟同学刚从南美洲赶来，别看它嘴大，关于大杜鹃的秘密，它可是守口如瓶。这个秘密现在我告诉你：欢

乐谷里的大杜鹃警卫经常趁大苇莺妈妈不在，偷偷跑到她家下蛋！说来也奇怪，大苇莺妈妈从爱乐合唱团退休后就是专门来帮别人孵卵带娃的吗？真是搞不懂！好了不多说了，啄木鸟餐厅正在试营业，如果你喜欢吃富含蛋白质的天牛幼虫，那就赶快去吧，新店酬宾打八折呢！

| 爬树欢乐谷 | | |
|---|---|---|
| 环境特色 | 森林 |  |
| | 荒漠 |  |
| | 草原 |  |
| | 泥滩 |  |
| | 水域 |  |
| 食物供应 | 焗昆虫 |  |
| | 鱼虾贝海陆大餐 |  |
| | 带血鲜肉块 |  |
| | 嫩叶芽素食 |  |
| | 水果甜点 |  |
| 入住学校 |  | |

# 涉禽湿地俱乐部

欢迎大家来到湿地俱乐部，这里的装修费当然不便宜：游动着各种原生鱼的河流、虾蟹遍地的湖泊、大小池塘连成的宽阔湿地，这里是仿照香港米埔的保护区修建的，总共有将近 48 个上海体育场那么大！在这么一个充满水的世界，你必须穿上橡胶连体裤才能走进来，不然衣服会湿透！不过话又说回来，会员们就是超级喜欢这种到处是稀泥、池水的感觉，才会加入我们的湿地俱乐部，因为这样才能秀出它们的“长处”——修长的腿和颈部，连嘴都很长！

前期入驻湿地俱乐部的鸟学校有：鹳形学校、鹤形学校，那时我们的筛选标准

我们只接受长腿会员哦。
这边水太深了，快走！

是腿长必须超过 80 厘米。不过后面我们发现，秧鸡同学还有鸻形学校的同学们也喜欢俱乐部里提供的鱼虾贝套餐，但它们并不是大长腿，所以才造了很多浅水的沼泽和泥滩。

泥滩也不是那么好进的，想来吃鱼虾贝套餐的话，换套装备再来吧！

| 涉禽湿地俱乐部 | | |
|---|---|---|
| 环境特色 | 森林 | |
| | 荒漠 | |
| | 草原 | |
| | 泥滩 | |
| | 水域 | |
| 食物供应 | 焗昆虫 | |
| | 鱼虾贝海陆大餐 | |
| | 带血鲜肉块 | |
| | 嫩叶芽素食 | |
| | 水果甜点 | |
| 入住学校 | 鹳形学校<br>GUANXING XUEXIAO<br>鹤形学校<br>HEXING XUEXIAO<br>鸻形学校<br>HENGXING XUEXIAO | |

# 游禽水上乐园

入住这里的鸟类经常看不起长腿涉禽："腿长脚长脖子长而已嘛，水边玩玩还可以，它们敢来深水区吗？"要说明的是，本乐园不仅有深水区，还有微型海洋，喜欢玩水的可爱游禽是本区忠实客户。它们自带"救生衣"（厚厚的羽毛）、"吸食器"（扁平有栉板的喙可以像吸尘器一样过滤、筛选水里的食物）和划水必备的肉质脚蹼。最有趣的是有些同学还可以自产"护肤乳"——一种叫作尾

脂腺的器官可以分泌油脂，涂抹了这种油脂的羽毛不易被水浸湿。

总之，水上乐园欢迎所有鸟类来玩，但最好都像游禽这样自己照顾好自己，不然就请买好保险再来吧！

| 游禽水上乐园 | | |
|---|---|---|
| 环境特色 | 森林 |  |
| | 荒漠 |  |
| | 草原 |  |
| | 泥滩 |  |
| | 水域 |  |
| 食物供应 | 焗昆虫 |  |
| | 鱼虾贝<br>海陆大餐 |  |
| | 带血鲜肉块 |  |
| | 嫩叶芽素食 |  |
| | 水果甜点 |  |
| 入住学校 | | 潜鸟学校 QIANNIAO XUEXIAO<br>䴙䴘学校 PITI XUEXIAO<br>鹱形学校 HUXING XUEXIAO<br>鹈形学校 TIXING XUEXIAO<br>雁形学校 YANXING XUEXIAO |

# 鸣禽爱乐合唱团

“鸣禽爱乐合唱团的首场演出！今晚 7: 30 神奇营地小音乐厅！”

是的，你没听错，鸟类中最大的一个目——雀形目自己组织了一个合唱团。它们的指挥是大名鼎鼎的蒙古百灵鸟，这位百灵老师同时也是一位抒情男高音。团员们是自愿报名，分三个声部：厚实的低音部由大嘴乌鸦来担任，黑枕黄鹂负责中音部，高音部嘛，则是夜莺[那是它的艺名，本名叫新疆歌鸲(qú)]。对了，还有钢琴伴奏老师，从遥远的加拉帕戈斯群岛赶过来的大嘴地雀夫妇用它们的“进化之喙”弹奏钢琴！别小看合唱团的这些

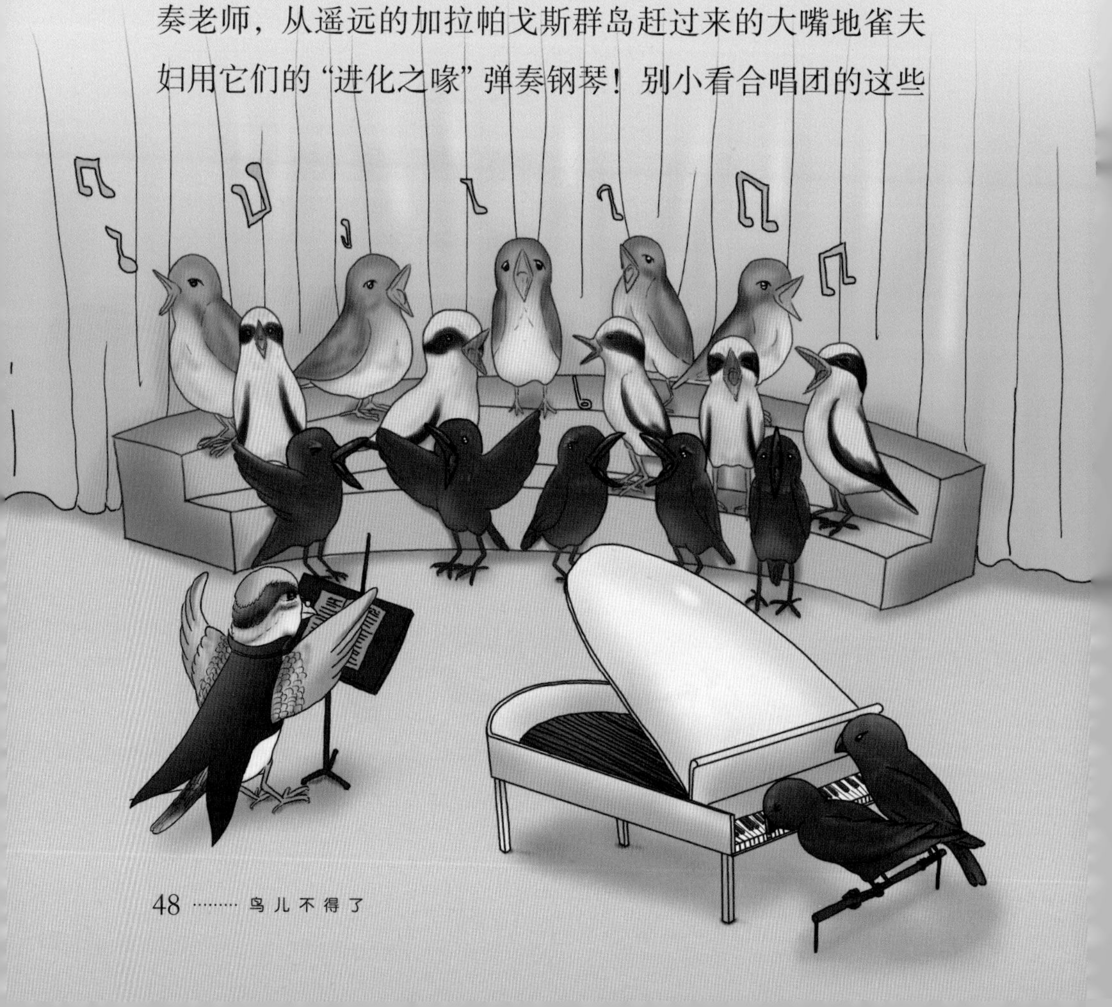

小个子们，它们的嘴虽小却不简单，最厉害的是它们的鸣管，结构复杂而发达，大多数种类具有复杂的鸣肌附于鸣管的两侧。目前鸟类学家已经记录了超过 5400 种鸣禽，几乎占世界所有鸟类种类的一半！而且它们的脑部较为发达，因此人们认为雀形目是最晚出现的鸟类种群。

| 鸣禽爱乐合唱团 | | |
|---|---|---|
| 环境特色 | 森林 |  |
| | 荒漠 |  |
| | 草原 |  |
| | 泥滩 |  |
| | 水域 |  |
| 食物供应 | 焗昆虫 |  |
| | 鱼虾贝海陆大餐 |  |
| | 带血鲜肉块 |  |
| | 嫩叶芽素食 |  |
| | 水果甜点 |  |
| 入住学校 |  | |

# 博物召唤师

新手营的培训马上就要结束了，外面就是真正神秘的鸟世界了，这意味着，此后的经历可能危险重重。

你可能为了寻找某只叫声独特的鸣禽而孤身探险千鸟谷；也可能在寻找雏鸡爱吃的零食时，苦恼于自己完全不懂昆虫、草木、花卉等知识。别心慌，现在就给你推荐几位召唤师，为你保驾护航！

拥有不同能力的召唤师，谁会是你的选择？

召唤师合照

# 启蒙之星召唤师——布丰

Georges Louis Leclere de Buffon

**修炼场：** 法国巴黎皇家植物园

**武　器：** 三十六卷《博物志》与“布丰投针”

**技　能：** 皇家珍藏馆大收集术

布丰被称为召唤师中的“启蒙之星”，绝不是浪得虚名。

18 世纪的欧洲，巴黎皇家植物园是一个专供皇室成员游玩的地方，在布丰到来之前，这里有一个自然储藏室，里面存放着各种稀奇动植物——这原本是给法国皇室的国际友人准备礼物的地方。

## 三十六卷《博物志》

收藏的标本越来越多，该如何摆放、如何整理？事实上，布丰最初只是想列一份标本收藏目录，以便更好地存放、更快地找到标本。到后来，布丰产生了越来越多的疑问：“这种小鸟是谁取的名字？”“这只小鸟有英文种名了吗？遥远的东方人怎么称呼它？”他对珍藏馆里的每一个物种都有了“查户口”的想法。几十年后，三十六卷包罗万象的《博物志》百科全书诞生了！《博物志》出版后 50 年里，受它的影响，看鸟、画鸟、记录鸟成为欧洲年轻人的潮流。

博物志武器

## 皇家珍藏馆大收集术

布丰掌管皇家植物园后，说服国王路易十五设立了“皇家珍藏馆联络员”的称号，在这个荣誉的刺激下，那些海外探险者（比如著名的詹姆斯 · 库克船长）和旅行家们带来了许多法国人从没见过的动物、植物和矿物标本。这儿就成了“皇家珍藏馆”。

此后，人们称布丰为“18世纪后半叶的博物学之父”，他甚至比达尔文还要早将近100年呢。你说，他算不算得上是“启蒙之星守护师”？日后当你在神奇营地探寻自然，遇到不知名的奇异鸟，或者是发射毒液的放屁虫时，就想想几百年前知识匮乏却坚定探索的布丰吧！偷偷告诉你，布丰的成就和他的“收集怪癖”分不开！你也可以从自己经常接触的花花草草、树木、果实开始，收集储藏，说不定你的“自然百宝箱”会被纳入未来的“皇家珍藏馆”呢！

# 新大陆召唤师——奥杜邦

John James Audubon

**修炼地：** 新大陆

**武　器：** 银线环志

**技　能：** 野鸟绘制术

要说谁是神奇营地鸟类学史上最著名的画师，非奥杜邦莫属，他是一个自然观察者，凭借一手画鸟绝技修炼成为新大陆顶尖的召唤师。

## 银线环志

18 岁时，奥杜邦从法国来到了美国宾夕法尼亚州的米尔格罗夫村，在那里开始了观察和描绘鸟类的生涯。奥杜邦为了弄清楚一只候鸟明年是否还会飞回来，就在它的腿上缠了一根银线作为标记，无意间他成了世界上第一位采用“环志”方法的人，而环志实验也让奥杜邦发现了野鸟的回迁习性。

## 鸟类绘制术

奥杜邦很喜欢北美的野鸟，绘画方面也很有天赋。他曾精心制作过200多幅野鸟的图谱，但让他备受打击的是，那些画竟然被老鼠咬了。此后经过多年积累和重新创作，奥杜邦想要把自己的作品公开印制出版。可是出版需要资金，他又遇到了一个尴尬的问题——穷。1826年，41岁的奥杜邦带着画稿来到英国伦敦，在这里他印制了自己第一幅鸟类绘画——《野火鸡》。从此，一幅又一幅精美的鸟类图画从奥杜邦的笔端和印刷机下飞出，他的成名作品——《美洲鸟类》收录了435种鸟类的彩色手绘图谱。这确实是一部“巨”著，因为它有将近1米长。

如果你对自然绘画感兴趣，我建议你选择奥杜邦作为自己的召唤师，起码野鸟绘制术能帮你在关键时刻记录下鸟的样子，不至于睡了一觉之后全忘掉！

# 进化之雀召唤师——达尔文和格兰特夫妇

Charles Robert Darwin

Peter R. Grant，Barbara Rosemary Grant

**修炼地：**太平洋东部的加拉帕戈斯群岛

**武　器：**加岛十三雀 / 达尔文雀

**技　能：**预测未来物种

你一定听说过“达尔文”这个名字——大名鼎鼎的“进化论”创立者，可是“格兰特夫妇”是谁呢？他们和达尔文又有什么关系？将这两个名字联系在一起的，就是达尔文雀。

茫茫无尽的太平洋上，岛屿成千上万，其中靠近中美洲的一群小岛——加拉帕戈斯群岛上生活着一群雀鸟，一共有 13 种，也有人认为有 16 种之多。它们原本是与世隔绝的，直到最近的几百年里，陆续有一些双足直立行走的哺乳动物——人类——上岛了，这些人当中有 3 位最为特别：达尔文和格兰特夫妇。

## 达尔文雀

22 岁的达尔文的到访使得这群与世隔绝的雀鸟名声大噪。在大家都相信是上帝（或者是一位叫作“女娲”的神仙）创造了人的时代，这些鸟像会说话的精灵一样，用大小不一的喙叽叽喳喳地告诉达尔文：“物种不是一成不变的！”“我们才不是上帝创造的呢！”在进化论创立之后，加拉帕戈斯群岛上的这群雀鸟被世人称为“达尔文雀”。对于你来说，这群会动的“武器”可以让你在野外考察时放心地品尝植物的果实。不过要小心，因为有些植物鸟类可以吃，人吃了却会中毒的哦！

## 预测未来物种

达尔文过后100多年，一对姓格兰特的夫妇来到了加拉帕戈斯群岛，他们正用卡尺测量着某种达尔文雀的嘴巴：“喙长14.9毫米，深8.8毫米。”他们用准确的数字记录下这些鸟嘴的差异——嘴巴大一点的就能咬开蒺藜种子（一种很硬的食物）。在旱灾导致食物短缺的年份，鸟喙的大小就能决定雀鸟的生死，因为小嘴巴咬不开岛上仅剩的又大又硬的种子。物种的进化就这样被“看到”。如果召唤师格兰特夫妇发动此技能，你也许能看到未来生物的嘴巴会进化成什么样子！

新的想法往往来自细致的观察和坚持，就像达尔文和格兰特夫妇一样。如果你有机会去加拉帕戈斯群岛看看，记得代他们向那些黑色雀鸟问声好！

# 国家野鸟召唤师——郑作新

**修炼地：** 中国福建鼓山脚下

**武　器：** 中国第一部《中国鸟类分布名录》

**技　能：** 创立标本库

通过第一节的考察，你应该已经知道给全世界的生物取名字排座次的是一个瑞典人，名叫林奈。后来，追寻着林奈的脚步，无数喜爱自然的人继续给地球上的物种取名字，每发现一个未被前人记录过的物种，一个新的名字就被创造出来。在中国，给鸟类取名字、做家谱的游戏很晚才有人玩，第一位玩家就是郑作新。

## 《中国鸟类分布名录》

在美国求学期间，郑作新学习的是胚胎发育学，类似于研究你在妈妈肚子里的时候是什么样的。回国之后，才转而研究起了鸟，并于1947年发表了《中国鸟类名录》。

这是我国学者首次自行给全中国的鸟类编了个“家谱”，此后的研究者们就有了可以比对的中文文献了。

初出营地的你可能还用不到这件武器，不过，当你从一个观鸟爱好者变为鸟类研究者时，你一定需要它！

这么专业，
我什么时候才能用到啊……
《中国鸟类分布名录》
郑作新

## 创立标本库

每一个新物种被正式命名之时，必须制作一个对应的标本，并配以红色纸条，写上标本信息，然后永久保存，这便是一个“模式标本”。它有什么用呢？如果你在神奇营地附近发现了一只大家从来没见过的鸟，拿出图鉴之后发现，它好像是某一种，但尾巴上毛的颜色又不是特别像，这时，标本馆就是你要去的地方了——检查最初的证据。郑作新在中国科学院动物研究所创建了中国规模最大的鸟类标本库（有 6 万多件标本），而今天这个标本库的名字叫国家动物博物馆。

发动此技能，便能够汇集整理你收集的所有标本（踩死的蟑螂除外）。想象一下有一座自己的标本库是多么酷的事情！如果你想发表鸟类新物种，国家野鸟守护师就在这里等你！

# 永恒之鸟召唤师——格兰奎斯特

Eirik Granqvist

**修炼地：**芬兰

**武　器：**重生之手

**技　能：**标本剥制术

想象一下，假如你在山谷里遇见一只活蹦乱跳的松鸡，你要怎么记录下它的样子？八成是架起照相机拍下照片。在日后你会向小伙伴们炫耀：“瞧！这可是一只有着繁殖期羽毛的松鸡！”不过，这仅仅是照片。即使是一些自然电影，也只能让你在屏幕上捕捉到它们的身影。那么如何记录下这只松鸡真实的颜色、大小，并且让它永远待在那儿呢？就让永恒之鸟召唤师——格兰奎斯特来告诉你吧。

## 重生之手

原本活蹦乱跳的动物死掉之后，如何让它栩栩如生？

格兰奎斯特认为除了把动物制作成标本，还应把它的生活环境一起做出来。假如一只东北虎在某个野生动物园里“离开”了大家，那么按照格兰奎斯特“复原完整生态”的理念，在制作标本时，除了把这只东北虎本身做逼真以外，还应把它的家乡用画还原。如果可能的话，甚至可以制作一个景箱，让这只东北虎潜伏在某个桦木林中，掠过呆呆的环颈雉，扑向它的晚餐——一只野猪。上海自然博物馆里就有这样的景箱。

### 标本剥制术

2007 年，格兰奎斯特从遥远的芬兰来到上海，为的是传播手艺——制作标本。博物馆的标本剥制技艺已经有近400年的历史了。过去人们用“填充法”制作标本，也就是把动物皮剥下以后，用砒霜之类的毒药处理防蛀，再把皮张缝成筒子，然后像塞枕头一样往里面填充材料，塞满就算完成了。那时，填充材料用的是麦草或稻草。这样子制作的标本，像是吃了很多肥肉一样，身躯鼓鼓囊囊。前面郑作新先生那个标本库里的标本基本上都是用这种方法制作的。

接下来，向你推荐一个让标本变美的新技能——“雕塑法”标本剥制术：在制作前设计好标本的造型姿势，准确测量出动物身体各个部位的尺寸，使用特殊的美术造型土制出一个“雕塑假体”，然后再将处理后的皮张贴上、缝合。

最后一个提醒：如果你要把一只鸟做成标本，在发动“标本剥制术”这项技能之前，请记得记录好它的采集时间、地点和采集人，因为这些无形的信息与鸟的实物加在一起，才是一件完整的标本。

至此，神奇营地的菜鸟训练营就告一段落了，你已经正式加入了一所学校，也在神奇营地结交了一批朋友，还确定了自己的召唤师。接下来的挑战，你准备好了吗？

离开了菜鸟训练营，

你将进入 Birding 学院

挑战一项有技术难度的活动

—— 观鸟。

扫码了解更多

鸟儿不得了

# 2

# Birding 学院

离开了菜鸟训练营，你将进入 Birding 学院挑战一项有技术难度的活动——观鸟。这里有一群真正的“野鸟”，它们眼尖耳灵、行动迅速！“嗖”地一下从你的头顶闪过，电光火石之间留下一个潇洒的背影。所以，想要在这里认识新朋友，你可得花点工夫，否则就只有被嘲笑的份儿啦。

# 入学动员

乌鸫大哥说的没错，穿着花裤衩出门，你以为是去海滩度假吗？Birding 可不是普通的看鸟、赏鸟，而是一项有技术难度的“观鸟”活动。你需要不影响野鸟的正常生活、快速地发现身边的鸟类、准确地判断它的身份、仔细地观察它的特性，甚至翔实地记录你的观察结果。一不小心你就会成为鸟类学家散布在民间的耳目。

100 多年前，观鸟活动从英国和北欧起源，当时这可是一项贵族圈专属的活动。厌倦了机械和工业的人们开始重拾荒野的乐趣。穿金戴银算什么？拿着一款面市不久的名牌双筒望远镜才最酷炫！

后来越来越多的人发现了观鸟的乐趣，望远镜的价格也不再是“不能承受之痛”，白菜价的观鸟手册更是满天飞。于是原本纯粹的贵族消遣，在西方逐渐发展成一种十分流行的户外活动。近几年，我国也开始盛行观鸟，冒出了越来越多的观鸟组织。

## “疯子”间的竞赛

一些观鸟“疯子”聚在一起办起了竞赛，最疯狂的要数在北美非常流行的“观鸟大年”了。参赛选手要花上一整年的时间，在限定的区域内通过看或听记录鸟种，记录种类多者胜出。值得一提的是，观鸟似乎已经成了一种神圣的信仰，参赛者全靠自觉保证公平公正（毕竟让裁判跟踪你一年也是够呛）。这些追鸟人究竟有多疯狂？

2016 年，来自荷兰的德瓦舒伊斯一年之内观察到 6833 种鸟（全世界近 70% 的鸟都被他记录到了），创造了全球范围观鸟大年的世界纪录。

## 为艺术“发烧”

另一些观鸟“疯子”并不满足于鸟种数量的统计，他们希望保留下最美的鸟类影像。这些拍鸟发烧友面临着更多的困难，除了要早出晚归（寻求最美的自然光线）、扛上百斤的摄影设备，还需要千方百计修炼“隐身术”，这样才能让鸟类旁若无人地展现自然状态。任何虐待鸟类的“摆拍”都是极不光彩的行为，所以这些“疯子”就只能“虐待”自己了。

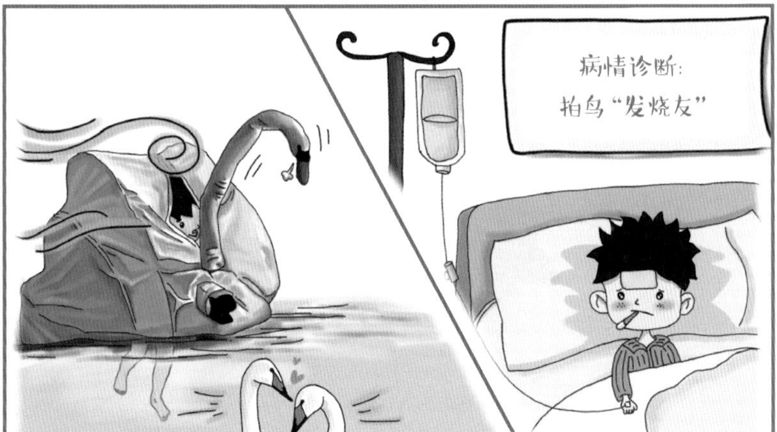

# Birding 集市

明确了目标，是时候整装待发了！还记得之前的观鸟小白吗，他到底犯了几个错误？你可要避开这些雷区哦！

吃大餐啦！
穿这么花！
简直是侮辱本鸟法眼！

想要学好观鸟，至少得让自己看起来像个专业观鸟者！其实，前面我已经剧透了不少着装、辅助装备的信息，可别小看了这些“表面功夫”，它将直接关系到你观鸟的成败！

正式开学之前赶紧去Birding集市采购装备吧！不过，面对琳琅满目的商品，你能做出正确的选择吗？

## 望远镜

作为一名观鸟者，你必须有成为“偷窥狂”的觉悟。一旦你被发现“越界”，机警的鸟儿便会迅速逃离“危险之地”。虽然用肉眼就足够观察鸟的飞行姿态、轨迹和降落姿态，但始终隔着一定距离。备上一副望远镜，可以让原本模糊而又遥远的身影变得清晰可见，提高准确辨认鸟种的成功率。市面上的望远镜大致可以分为两种：单筒望远镜和双筒望远镜。你会作何选择呢？

**单筒望远镜**

- **放大倍数** 20—40倍
- **质　　量** 1.5千克（不含三脚架）
- **优　　点** 放大倍率大
- **缺　　点** 需配合三脚架使用，较笨重，视野较窄

**双筒望远镜**

- **放大倍数** 7—10倍
- **质　　量** 1千克
- **优　　点** 便携灵活，视野广
- **缺　　点** 放大倍率有限，挂脖子久了容易不适（建议穿有领上衣）

你一定发现了，两种望远镜各有优缺点，适用于不同的观鸟需求。稳稳的三脚架和单筒望远镜适合远距离观察相对固定的目标，比如在开阔的山区、湖泊、水道与沿海观鸟。而双筒望远镜则更适合观赏距离近一些的、移动速度快的山林鸟类。

选错望远镜的悲剧——山林观鸟

选错望远镜的悲剧——大湿地观鸟

## 观鸟图鉴

如果你是一个收集控，那观鸟一定适合你，这个项目最大的幸福感就是——又认识了一个新鸟种！这样一个不断有新惊喜的活动，自然少不了鸟类图鉴作为检索工具。和观鸟活动一样，观鸟手册的编撰起初也是在欧美盛行。告诉你一个令人伤感的事实：直到 2014 年，中国人自己发现和命名的鸟类才 3 种，目前国内流行的经典鸟类手册也多出自国外鸟类学者之手。好在现在可选择的鸟类手册或图鉴越来越多，还出现了能在手机里进行鸟类检索的手机软件，它们各有优势，你可以根据自己的需求选择适合自己的。

带书多累！
看我们全新开发的观鸟软件，
方便又好用！
12月
观鸟地图
观鸟
图鉴
选我！海量高清生态照，
绝对写实！初学者一看就会！
照片太片面，应该买绘图版，
全面呈现鸟种鉴别特征，
特别适合相似种辨别！

# 认鸟训练营

采购完毕，装备齐全的你将正式进入认鸟挑战。Birding 学院的鸟类训练官已集结完毕，在为你设计重重关卡的同时，也准备了观鸟秘籍四部曲，勤加练习是闯关晋级的唯一渠道。

# I 看不见的身影

观鸟第一步，你得先找到鸟。为你设计第一个挑战的鸟类训练官是喜欢躲在茂密高枝的白头鹎和长耳鸮，尤其是与树皮花纹融为一体的长耳鸮，躲起来就算拿着望远镜也很难看见。但是你依然可以通过一些线索找到它们，两位训练官已经躲好，你能找到它们的蛛丝马迹吗？

你找到了吗？在山林观鸟往往无法一下子就看见目标，这时候利用其他线索做辅助就变得非常重要了，鸟儿的不同生活习性会为你提供各式各样的线索。口诀已经准备好了，跟着训练官好好练习吧！

## 口诀一：未见其鸟，先闻其声

鸟类的声音就像人类的指纹一样，可以与鸟种一一对应，目前有许多鸟类相关的网络平台都建立了鸟类声音库。了解鸟类的声音，对于观鸟，尤其是喜欢鸣叫的鸟来说算是一项基本功。

## 口诀二：遇食团，寻猛禽

有 300 多种鸟类有吐食团的习性，多数为食肉的猛禽。它们将食物中不能消化的骨骼、羽毛、毛发等残物渣滓团成丸状物吐出，叫作食团，也叫唾余。

挑战

# Ⅱ 消失的比例尺

这里你会遇见一对鸟类训练官——绒啄木鸟和长嘴啄木鸟，它们丢给你一本鸟类图鉴，然后集结了一群小伙伴分散在训练营里。你能准确分辨出它们的种类吗？

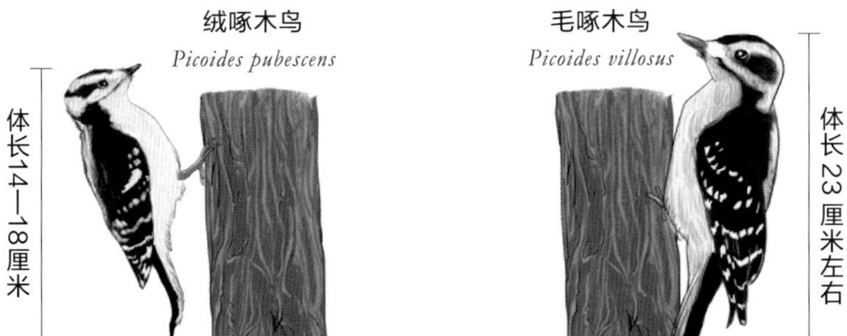

你一定发现了，细微的体长差别在现实观察中很难分辨，这时候你就需要一项新的技能——做比较！除了和树枝等参照物做比较以外，还可以和自己的身体做比较。比如你会发现长嘴啄木鸟的嘴长与头长的比值就比绒啄木鸟的大，知道了这点再回去辨认是不是就容易多了？

挑战

# Ⅲ 眼花缭乱

对于初学者来说，一些特征明显的鸟很容易辨认，区分一些大的类群也并不难（比如你可以把鸭子和鸡分开）。但当你认识的鸟越来越多，一些长相相似的鸟种可能会让你难以分辨。瞧！你现在已经被几位鸟类训练官拦下了，不一一叫出它们的名字，你估计是出不去了。

几位柳莺导师长得如此之像，特别是在野外动来动去，还被树叶遮掉一部分，分辨起来得多难啊！所以这节课要讲的秘诀就是——抓大放小！图鉴上的鸟儿身体有各种花色细节。我们要学会关注鸟儿身体和纹路上最有利于辨识的部分和图案，比如真正抓眼的羽色、纹路。一般鸟类学家关注最多的就是翅膀和头部，比如眶鹟莺亮眼的黄色眼圈、冠纹柳莺翅膀上明显的两道黄色斑纹……知道了这些，你就不愁分不清四位导师啦！

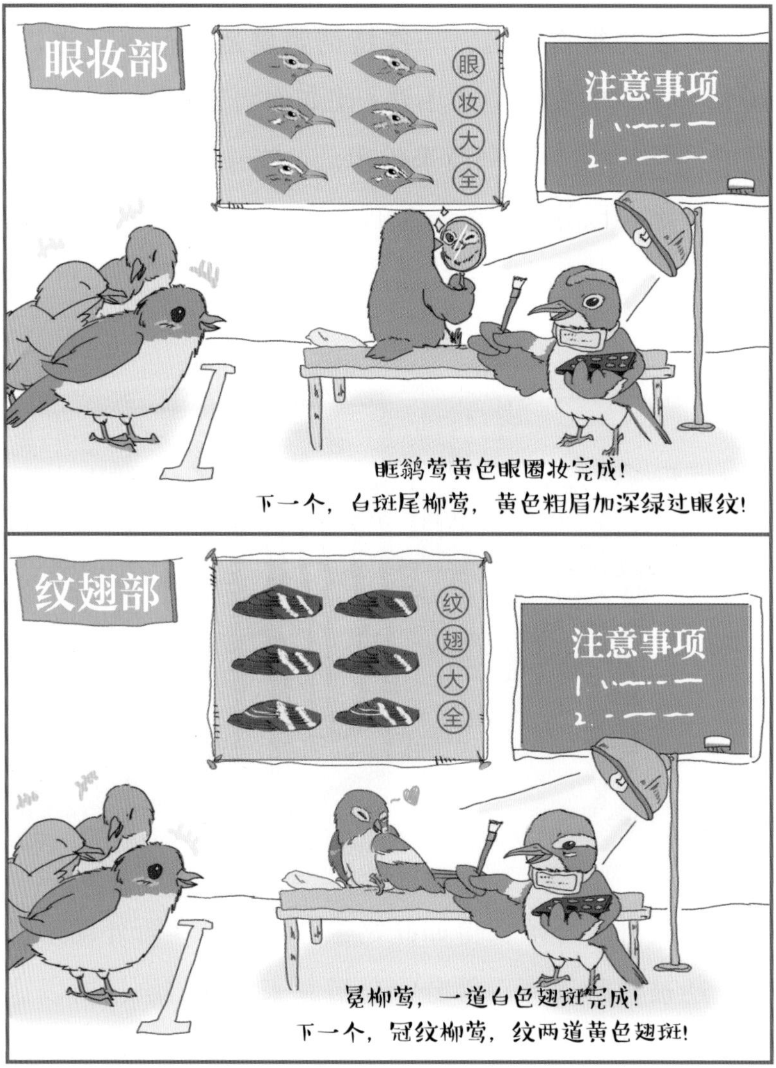

挑战

# Ⅳ 模糊的世界

并不是每次观鸟都能够清清楚楚地看见体态体色，还会碰见距离遥远、逆光等不利情形，这时候你只能瞧见一个模糊的身影，怎么办？三只暗黑系导师——乌鸦、乌鸫、八哥已经准备好给你出难题了，它们都躲得远远的，就等你来破解最后一项观鸟技能。

如果你足够仔细就一定会发现，看似一样的黑鸟在画面中的行为状态似乎并不相同：有的集小群，有的结

成对，还有一只孤零零。这些不同的行为特征恰巧对应了3位导师不同的行为习性。体型体色可以配合行为习性一并使用，线索越多你越能做出准确的判断！看完下面的鉴别小窍门，相信你一定能不必费大力气就找出它们。

**八哥**

外观：冠羽突出，飞翔时翅膀能看见明显白斑，嘴基部红或粉红色，尾下具黑白相间横纹。

习性：结小群生活，一般见于旷野或城镇及花园，在地面高处阔步而行。

**乌鸫**

外观：雄鸟全黑色，嘴橘色；雌鸟上体黑褐色，下体深褐色，嘴暗绿黄色至黑色。

习性：一般在地面取食，翻找无脊椎动物，冬季也吃果实及浆果。

**大嘴乌鸦**

外观：羽毛、嘴、脚均为黑色，嘴粗厚，头顶显拱圆形。

习性：喜成对生活，喜栖村庄周围。

到此，认鸟训练营的基础课程已经结束。不过技巧毕竟只是技巧，纸上得来终觉浅，想要增长野外识别鸟种的能力，没有捷径可走，必须坚持亲身实践，经过长期的训练和刻苦钻研才能实现。

# 观鸟资格证考试

了解了那么多的观鸟技巧，你是不是已经迫不及待想要穿好户外套装，带上专业装备，冲出家门来一场现场实操？淡定淡定！在 Birding 学院如果没有获得观鸟资格证就擅自观鸟可是违规的。“无证观鸟”会有哪些危害？你可能因为无知招惹上看似无害的鸟儿，一不小心搭上自己的小命；也有可能因为自以为是好心办坏事，给可爱的鸟儿们带去无尽烦恼。所以，不管你多讨厌学校考试，观鸟资格证书的考场还是必须去。

叮叮叮！考场传送门正在将你送往新几内亚的热带雨林……这里将重点考核你遇见“超纲”鸟种的应对能力。

前方出现一只
从未见过的大鸟，
尽你所能记录它
最详细的信息。
A
拿出包里的食物讨好它，
以获取近距离接触的机会。
会不会有危险？
我还是躲起来偷看吧！
B
C
???
把脸涂蓝伪装成它的同类，
近距离观察。

饥肠辘辘的你看见了一只羽色漂亮的鸟儿，
它不幸丧生于偷猎者的捕鸟网上。
A
好饿，
正好烤来吃。
B
这鸟从来没见过，
拿回去做标本吧。
C
咔嚓
会不会有危险？
我还是拍个照就走吧。

你发现地上有一只
光溜溜的鸟宝宝。
A
好可怜的孤儿，
我要把它带回家。
找个合适的树杈
放上去吧。
B
C
会不会有危险？
要不我先躲着观察下情况？

# 答题攻略大全

## 观鸟守则一：遇见陌生鸟，请做胆小鬼！

如果你是个热血青年，在前面的情境选择题中很有可能做出错误的选择！不信？认识完考场上遇见的两种鸟你就会明白，看似无害可爱的鸟类家族当中居然也有一些危险分子。

那只和你身高差不多的蓝脖子大鸟叫作双垂鹤鸵，俗称食火鸡，是世界上第三大鸟类类群。虽然大小比不上冠军鸵鸟，但被吉尼斯世界纪录收录为“世界上最危险的鸟类”。它曾用12厘米长的利爪踢死过一名小男孩，被冠以“杀人鸟”的称号。不过你也别误会，脾气火暴不等于见人就杀，鹤鸵一般在受惊或护幼时才会动粗，有经验的科学家向它投喂水果一般不至于被攻击。相比之下，被车辆撞死的鹤鸵远比它们杀掉的人类要多得多。

有利爪的大鸟是得小心，可那只可爱美艳的小鸟有啥可怕的？第一次发现冠林鵙鹟（jú wēng）的邓巴赫也是这么想的，他从铁丝网上救下此鸟时不小心划伤了手，当把手指放入口中后，嘴唇和舌头一阵发麻！他这才发现鸟儿艳丽的羽毛和皮肤是有毒的。研究发现冠林鵙鹟的毒性不是天生的，而是来自它们吃下的有毒甲虫。不过即便如此也阻挡不了“吃货”人类，新几内亚有经验的当地居民选择了“去皮食用”。

说到这里，一定有人会反驳——难道我们要因为胆小而拒绝救助被捕鸟网困住的小鸟吗？当然不是了，只是不能贸然救助。虽然说有毒鸟类毕竟是少数，但是某些挣扎的利爪可是常见的风险。在对被困鸟种认识不够的情况下，建议你最好戴上防护手套。另外，想要在不伤害鸟的前提下徒手解开纠缠的细密丝网，恐怕和解复杂的数学题一样令人头疼。给某些“心不灵手不巧”的小伙伴支个招：赶紧抄家伙剪断丝网吧。

## 观鸟守则二：强加的爱，可能是伤害！

观鸟的第二个原则就是尽量不干扰鸟类的正常活动。可是有些时候我们难免偶遇一些陷入困境的鸟儿，比如前面任务中掉落在地的鸟宝宝。虽说大自然有着残酷的生存法则，看着这些可怜的幼鸟，或是一些被人类所伤害的鸟，爱鸟之人怎么忍心袖手旁观？这时候学会一点鸟类救助技巧就很重要啦！

# 如果遇见掉落的鸟宝宝

能看见伤口吗？

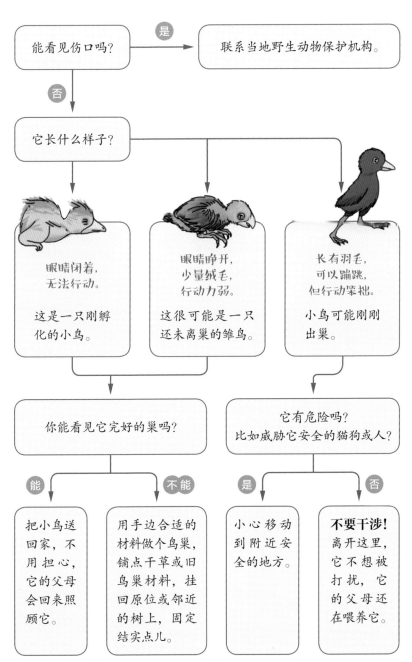

- 是 → 联系当地野生动物保护机构。
- 否 → 它长什么样子？

眼睛闭着，
无法行动。

这是一只刚孵化的小鸟。

眼睛睁开，
少量绒毛，
行动力弱。

这很可能是一只还未离巢的雏鸟。

长有羽毛，
可以蹦跳，
但行动笨拙。

小鸟可能刚刚出巢。

（刚孵化的小鸟、还未离巢的雏鸟 →）你能看见它完好的巢吗？

- 能 → 把小鸟送回家，不用担心，它的父母会回来照顾它。
- 不能 → 用手边合适的材料做个鸟巢，铺点干草或旧鸟巢材料，挂回原位或邻近的树上，固定结实点儿。

（刚刚出巢的小鸟 →）它有危险吗？比如威胁它安全的猫狗或人？

- 是 → 小心移动到附近安全的地方。
- 否 → **不要干涉！** 离开这里，它不想被打扰，它的父母还在喂养它。

现在，就现在，给你一个机会，

体验一次鸟的生活，你愿意尝试一下吗？

扫码了解更多

鸟儿不得了

# 3

# Birdman改造计划

# Birdman 体验室

有时你会觉得鸟类的世界难以捉摸，当你准备仔细看看树枝上叽叽喳喳的小鸟到底长什么样的时候，它转移的速度比你眼珠转动的速度还要快。你根本无法靠近一只毛茸茸的麻雀，即使它看起来很可爱，像你家的宠物猫一样。

现在就给你一个机会，体验一次鸟的生活，你愿意尝试一下吗？注意，这不是开玩笑！ Birdman 改造计划，我们是认真的！再一次提醒，在神奇营地，什么都有可能发生，作为我们的营员，你有挑战的勇气和足够的智慧吗？快来试试吧！

改造

# I 翅膀

鸟类最为独特的就是它们的运动方式——飞行，飞行运动能使鸟类迅速而安全地寻觅到适宜的栖息地，以躲避天敌及恶劣自然条件的威胁。这种独特的运动方式就来自极具特点的身体结构。

Birdman 改造计划第一步是什么？换句话说，如果问你鸟类靠什么飞上天空的，你第一个想到的是什么呢？

没错，翅膀！必须让你有一对宽大的翅膀！

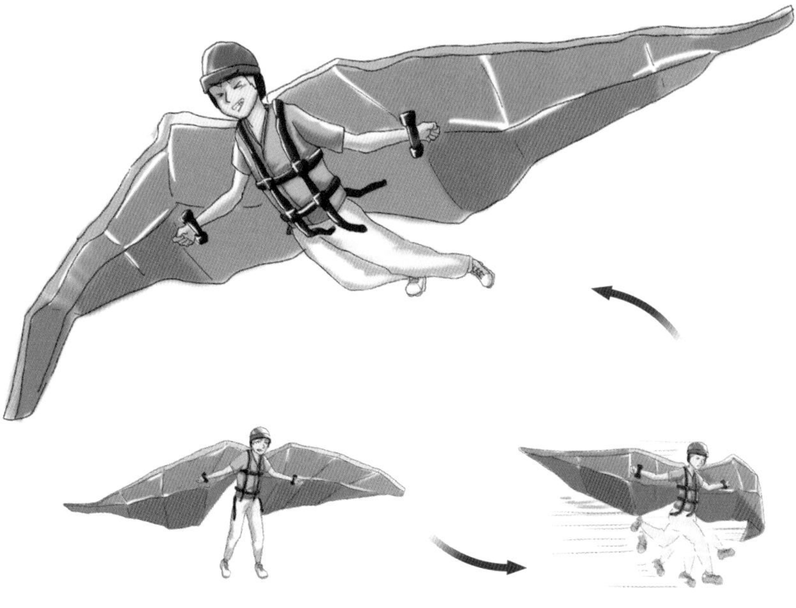

## 挑战时间

2012年英国《每日邮报》报道了一个故事：一名叫作贾诺·斯米茨的31岁荷兰工程师宣称他已经成功破解了连意大利文艺复兴大师达·芬奇都没能破解的科学难题：让人类像鸟类一样展翅飞翔！他制造出了一副模仿鸟类飞行的无机械动力“人造翅膀”，当他穿上这副“人造翅膀”后，就可以用扑扇双臂的方法离开地面，像鸟儿一样飞上天空！

你觉得这是真是假呢？

A. 真的，双臂套上人造翅膀后，使劲扇动，就会像风筝一样飞起来。

B. 假的，无机械动力仅凭人手臂的力量无法产生足够的升力，也就无法克服重力飞起来。

首先，让我们分析一下，翅膀长在哪里比较合适呢？Birdman 体验室为你提供了两种选择：

## 1. 精灵型翅膀

由后背肩膀处长出整个翅膀，翅膀有中空轻质骨骼，凭借背部肌肉拉动。

这种改造最大的优点是双手仍然可以使用，像小天使一样。不过，目前为止这项计划还没有在人类这么大的生物上试验过，你确定要选吗？

**宣传口号：** 早在石炭纪时期，昆虫就进化出了这样的翅膀，既能飞起来，又能解放双手，多好！

**成功案例：** 昆虫。

## 2. 飞鸟型翅膀

整个手臂将被改造，上臂和前臂生出肌肉和飞羽，看起来像一个非常大的鸡翅膀。

这种类型的好处是借用手臂的力量，能更强有力地拉动翅膀，不过缺点是飞翔的时候，你的手除了挥动，不能做其他事情了。

**宣传口号：** 鸟类家族的翅膀都是前肢进化而来，作为哺乳动物的蝙蝠也采用了这个方案！

**成功案例：** 蝙蝠、鸟类。

小贴士

飞行需要翅膀前后运动，“挥舞”起来。想一想对于人类来说，哪种类型的翅膀更合适呢？

人类背部的肌肉都是用于让肩部和手臂前后运动的，无法带动“精灵型翅膀”，所以，现实一点考虑，还是参考鸟类或者蝙蝠的方法，让翅膀长在手臂上吧！

改造

# Ⅱ 手臂

假如你的两条胳膊上长出一对翅膀，那一定很酷炫！不过，你以为这样就可以轻易地飞起来吗？恐怕现实会击碎你的美梦。不信你扑扇几下，看它是否真的能够带你起飞？

鸟类之所以能飞上天，是因为相比于人类，它们有着较大的翅膀搭配着较小的身体。现存所有鸟类当中，体重最大的可能是非洲鸵鸟，最重可达 156.49 千克。不过，你见过飞起来的鸵鸟吗？没有吧？

那么能飞起来的那些大鸟呢？比如说：漂泊信天翁（*Diomedea exulans*）是现存最大的飞行鸟类之一，它的翼展为 3.7 米，体重约为 12 千克。让我们搜集一些鸟类数据，看看体重和翼展之间是否有某种联系，以便改造你的手臂，哦不，是长满羽毛的“翅膀臂”。

首先，让我们从网络上查找尽可能多的鸟类信息，把每种鸟类的体重和翼展宽度标在图上。横轴是体重，纵轴是翼展。可以发现，体重比翼展增长得快，大致是一个二次曲线的样子。

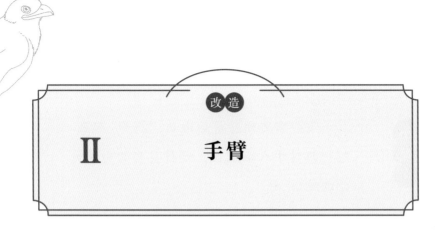

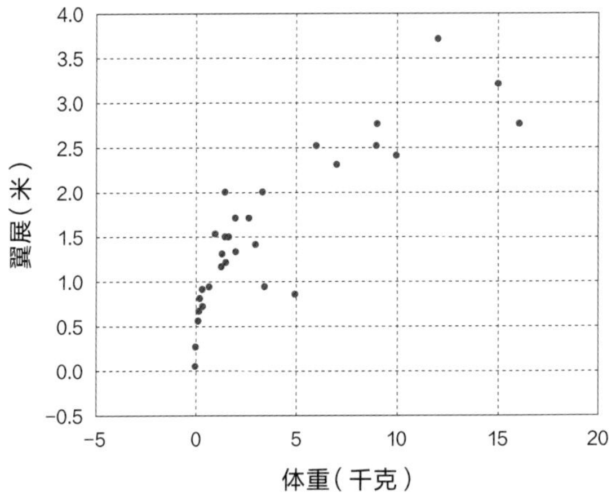


然后，把纵轴换成翼展的平方，得到下图：

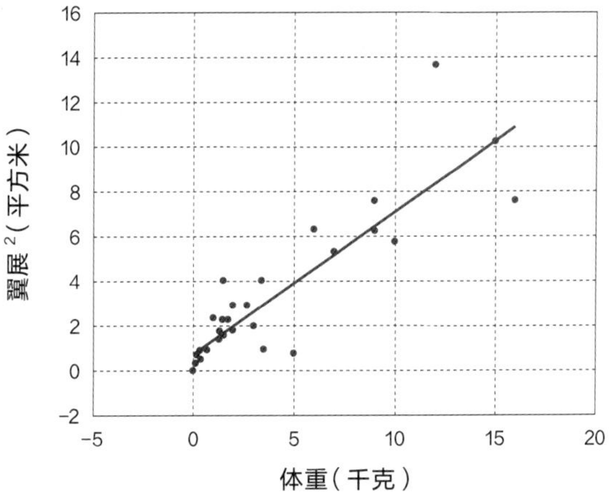


现在大致可以得到一个线性关系：

$$\text{翼展}^2 = 0.64 \times \text{体重}$$

$$\text{翼展} = 0.8\sqrt{\text{体重}}$$

假设一个人的体重为 50 千克，那么需要装上多大的翅膀，才能让他飞起来呢？根据上面的公式，可以推算出：

$$翼展 =0.8\times\sqrt{50}\approx 5.66\ 米$$

话说回来，一对长达 5.6 米的翅膀是否会增加负重呢？如果翅膀很重的话，我们是不是需要把它的质量加以考虑呢？这样一来，你又需要一对更大的翅膀了！

答案 针对关于贾诺·斯米茨的新闻报道，加拿大多伦多大学鸟类和人力飞行研究专家托德·里切特博士的回应是：“虽然这段录像让人惊奇，但遗憾的是，从物理学观点来看，这是完全不可能的。我们只需简单计算一下，如果一个人加上飞行设备总重 100 千克，人造翅膀的面积是 9 平方米，最大升力系数是 1，空气密度是 1.22 千克 / 米$^3$，那么他必须至少以 49 千米 / 小时的速度飞行，才能让自己一直保持悬浮在空中！”

改造

# III 魔鬼减重法

话说到这儿，即使 Birdman 翅膀超级大，可要是肚子和大腿胖得像只大肥鹅，那也很难飞起来，所以拥有了升空的动力装置之后，你必须保证身体足够轻。在 Birdman 体验室里有一套魔鬼减重法，你要不要来试试看？当然，这里的减肥法只适用于 Birdman 哦！

## ● 甩掉肥肉！

脂肪可以为飞行运动提供能量，可尽管鸟类运动十分剧烈，但它们体内的脂肪含量却非常少——绿孔雀的体脂率大概是 1%，而足球运动员的体脂率约为 7%。所以，在成为 Birdman 前，请先将体脂减掉！

不过，Birdman 还是有机会“大口吃鱼大碗吃果”的。

**你知道吗？**

每年秋天，白颊林莺要从北美洲飞往南美洲越冬，整个旅程需要跨越 2500 千米宽的大西洋。为了储存更多的能量，它们每天都在疯狂地进食蜘蛛、蚂蚁、白蚁、蚊子、蚜虫、蝗虫等各种各样的虫子，有时候也会吃一些浆果如蓝莓。当准备离开北美大陆时，它们的体重几乎增加了一倍。据鸟类学家估计，这些小鸟飞行时每小时要消耗 0.08 克脂肪，而每消耗 1 克脂肪大约能飞行 230 千米，够厉害吧！

## ● 骨骼——海绵式充气

除了减掉肥肉，还要减小身体密度。为此，Birdman 体验室需要对你的骨骼进行改造！

鸟类的骨骼与人类的差别很大：它们的骨壁很薄，骨骼内部有许多充气的结构，就像海绵一样，看起来大，实际上却很轻。比如两只体重差不多的动物，鸽子的骨骼占体重的 4.4%，而大鼠的则占 5.6%。

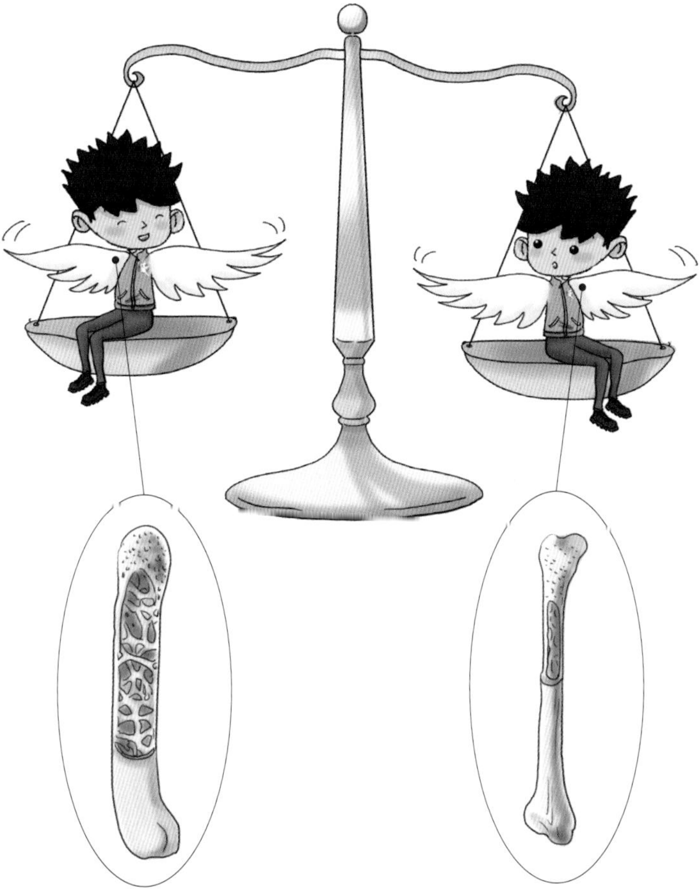

几乎所有的鸟类骨骼中都有充气现象。即使是不会飞的平胸总目，也进化出不同程度的充气现象，大型猛禽、信天翁等善飞的种类骨骼充气最厉害。

## 吃完就拉

Birdman 改造计划中的一部分是对你的消化和排泄器官进行改造，这将直接影响你的生活方式，因为你不能再在体内存储那些没有用的东西，你需要：吃完就拉！

据了解，黑顶林莺所吃的浆果种子，在取食后的12分钟就通过粪便排出；伯劳在3小时内就能消化一只鼠；雀形目鸟类吃进去的食物一般只需要1.5小时就可以通过消化道排出体外。

如果你觉得吃完就拉难以接受的话，那就放弃这一项改造吧，毕竟随身带着尿不湿也有点难为情。那么改造了身体结构的你是否能够飞上天呢？来风洞飞行中心测试一下吧！

# 风洞飞行中心

人类梦想飞行已经不是一天两天的事了，历史上曾经有很多人利用自行车、脚踏板还有牵引器尝试制作飞行器。

## 你知道吗？

文艺复兴三杰之一的达·芬奇在1505年前后就设计出一个复合扑翼飞机的草图，这架飞机有一对会摆动的翅膀装置，高度模仿了鸟类。他还曾经在山坡上进行滑行试验。达·芬奇手稿上记录着他对鸟类飞行的研究，以及扑翼机和直升机的设计构想。即便是今天看来，也十分令人震惊。

我们无从得知达·芬奇是否成功将扑翼机制造了出来。但是，他的奇思妙想确实影响了很多有飞行梦想的人。

要想真的飞起来，仅靠一身好装备是远远不够的，还需要学习和练习。小鸟刚出生也不会飞，要摔下来好多遍才能成功。接下来，就是 Birdman 跌跌撞撞的时间了！

你知道吗？

## 风洞飞行中心

风洞飞行中心是一种真实存在的科学实验场地。为了搞清楚怎样才能在空中飞得更高、更快、更安全，研究者希望能在一个小空间里用机器吹出风来，而且可以控制风的方向、速度，用来测试一些飞行器的能力。莱特兄弟在成功进行世界第一次动力飞行之前，就自行建造了一个1.8米长的风洞用来测试。

这里既是胆小者的淘汰区，也是飞行大师的训练场。现在，这里为你准备了三个难度的关卡，在导师的指导下完成训练，才能从本中心毕业。去试试吧！

训练

# I 风来了

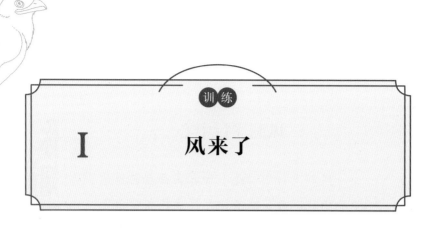

这个训练的目的是让你学会滑翔，鹰、隼、鸥、鹈鹕和信天翁等大型鸟类通常都用这个动作在天空中迁徙、盘旋、寻找食物。除了鸟类，鼯鼠、黑掌树蛙（又叫华莱士飞蛙）、飞鱼等动物也能够短距离滑翔，因为它们有着类似翅膀的结构，像降落伞一样能增加空气的阻力，还能产生一些向上的力量来减缓其下降的速度。最值得一提的是会滑翔的鼯猴，它们能滑行超过 100 米并精确着陆。

**Birdman 训练心得**

面临横向吹来的大风，打开翅膀的时候千万不要把翅膀竖起来！千万不要！

不知道你是否注意过，大部分中大型鸟起飞之前都要边向前跑几步边挥舞翅膀，这样才飞得起来。为什么要这样呢？

当你用手拿起一个球，球获得向上的力大于自己的体重，它就飞向篮筐了。鸟类也是一样，不过这只手是看不见的，它来自气流。鸟的翅膀就像飞机机翼一样稍微弯曲，上面更弯，下面更平。当迎面而来的风吹过翅膀，上面的风速度会变快，而下面的风速度不变。空气在翅膀的两面都有压力，不过，速度快的一边压力小，速度慢的一边压力大。于是，鸟就会飞起来。这种流体速度和压力之间的关系又被叫作“伯努利原理”。

这还不够，熟练掌握飞行中一些技巧也是一名Birdman的必备基本功。

训练

# Ⅱ 神乎其神的技巧

挑战目标
在30秒之内
完成转体720°，
然后平稳地飞到前方
吃巧克力豆，
最后短距离加速回来。
找花蜜？很简单，你只须往前飞50厘米，然后右转，向右飞行10厘米之后再向上绕着茎飞3圈就到啦！

蜂鸟是唯一可以向后飞行的鸟类。它还可以在空中悬停以及向左和向右飞行。相比鹰和鸥等鸟类类群来说，蜂鸟等小型鸟类的身体和翅膀都很小，但是加速、旋转和精准控制的能力非常强。蜂鸟在上下拍动翅膀的同时会将身体上抬，翅膀向两边展开。为了获得升力，它每次扑翼时都将翅膀部分折叠，使之指向正确的方向。有研究者说，蜂鸟飞行时翅膀的姿势与游泳者踩水时手和臂的动作类似，只是频率要快得多。

## 你知道吗？

斯坦福大学的研究人员设计过一个独特的风洞来观察小鸟的飞行情况。这个风洞的独特之处在于能够同时发出许多方向和速度不定的“湍流”，再用高速摄像机记录鸟类飞行中拍打翅膀时的样子。他们想要了解鸟类在面对多变气流时是如何保持平衡的，从而研究如何改进无人机的性能。

**Birdman 训练心得**

挑战前千万不要吃太多东西，因为你会吐得满地都是。

训练

## III 飞行急刹

**训练目标**

在风洞中滑翔，速度达到 100 千米 / 小时，然后在 3 米内停下！

看看小区或公园里的鸟，它们的动作简直就像在耍杂技。比如：一只白头鹎快速穿过你的视野，到了一棵树上，一眨眼就从激烈的飞行状态停下，一动也不动。

可是，它们的运动状态改变得如此之快，它们为什么不会撞上去？

如果我们能观察慢动作，就会发现，白头鹎到达想要停靠的树枝之前，会把翅膀上缘抬高，这增加了阻力，减慢了速度，同时也减少了白头鹎在拍翅膀时产生的升力，为降落做好了准备。与此同时，白头鹎的尾巴也向下展开，在把脚放到树枝前的瞬间，增加了很大的阻力。

**Birdman 训练心得**

最好戴一个头盔，把脸也包住的那种，否则会摔得很惨。

着陆，对于大型鸟类也是一个问题。某些鸟类通过瞄准预定着陆区域下方的一个点（例如悬崖上的巢穴），然后事先抬升身体来解决这个问题。如果时间估算无误，那么，当它着陆时，冲击力几乎为零。降落在水面上更简单，较大的水禽更愿意随风降落并用脚作为滑板。为了在降落前迅速下坠，一些像雁这样的大型鸟类甚至会在快速交替的一系列侧滑中沉溺。

在这一个训练项目里，我们要做好 Birdman 毕业前最后的准备。所有的飞翔动作都包括：起飞、飞行和降落。

想要准确地停在一根树枝上，并不是一件容易做到的事情。

# Birdman 迁徙日记

神奇鸟营地气象台紧急发布黄色预警："预计未来 24 小时内，营地大部分区域将有大雪，其中湿地俱乐部、游禽水上乐园等地将有暴雪，部分区域将有冻雨。请还没有迁徙的居民尽快安排飞行计划！营地将于明天彻底关闭，再次开启的时间是明年春天惊蛰时节！"

现在，全世界的一万多种鸟类中，有很多是候鸟。这些候鸟每年都会在固定的时间沿固定路线，在一南一北两个栖息地间穿梭，一般是在南方过冬，在北方交配、产卵，科学家称之为"迁徙"。为什么鸟类要这样"劳烦"自己呢？

其实这种行为是鸟类祖先花了很长时间才进化形成

的。它们通过迁徙主动选择合适的栖息地，避开季节性的恶劣环境条件。鸟营地的冬天来了，Birdman 也要开始迁徙的旅途了。飞行中发生了什么有趣的故事？来看看 Birdman 日记吧！

① 11月3日　大雪

今天，我和营地里的朋友们全都在做起飞前的准备——疯狂进食！小鱼、小虾还有植物种子。哇！撑得我肚子圆鼓鼓的。起飞前的训练师是小天鹅姐姐，她告诉我：这是营地里最后的食物了！我们马上就要有一段很长很长的旅程，中途没有足够的时间也没有驿站供停歇、补给，所以要赶紧使劲儿吃！

长途飞行是个体力活，跨越海洋的迁徙需要储备更多能量。曾经有科学家研究了一只斑尾塍鹬，发现它只用了

8 天时间就从北半球的阿拉斯加飞到了南半球的新西兰，在这段长达 11 000 千米的旅程开始前，它的体重有 500 克左右，将近 50% 都是脂肪，而在这只斑尾塍鹬到达新西兰的时候，体重只剩下 200 克，减了 60% 的“肥”。大型鸟类由于能够储存较多的脂肪，所以能够适应长途迁徙，而小型鸟类有时会因身体脂肪耗尽而死在迁徙途中。

② 11 月 4 日

我的肚子已经圆滚滚了。今天我们做了一件奇怪的事情 —— 在脚上戴了一个环。环上还有一串字母“SHENQI-9527”，训练师告诉我这串字母就是我的身份编号，如果飞行中迷路了的话，就去找最近的鸟类观测站，那里的人类就会帮助我。真的有用吗？

环志已经有数百年的历史了，它是指给鸟佩戴脚环、旗标、颈环等。环志上一般会有不同的颜色、编号，这些信息就是鸟的“身份证”，这样一来，无论这只鸟飞到哪里，只要有人看到它身上戴的环志，把信息记录在一个统一的数据库中，科学家就会知道它的行踪。

③ 11月12日
天呐！真的迷路了！我就打了个盹，完全不知道飞到了什么地方，迷迷糊糊之间我想起了这个脚环。抱着试试看的想法走到了一个湖边小房子，真的不敢相信他们竟然靠这个环帮我找到了方向！
候鸟
救助站

1899年，丹麦人汉斯·莫特森第一次为欧洲河鸭、针尾鸭等鸟类戴上了铝环，还将他的名字和地址刻在铝环上，结果真的有人发现之后把鸟送还给了他。这种模式一直沿用到了今天。中国的鸟类学家也成立了“全国鸟类环志中心”，负责全国鸟类环志的研究工作。

④ 11 月 15 日　晴

飞过了树啊、山峰啊还有湖泊，终于追上了一个白头鹤队伍，我问它是怎么记住这条飞行路线的，它神秘兮兮地回答我：“这是一只鸟的直觉。”好吧，我也不懂。

鸟类有很强的定向能力。有人曾用飞机将一只鸟运到距离它繁殖地 5100 千米的地方放飞，这只鸟只用了 12 天半的时间就飞回了原来的地方，而且它非常准确地找到了原先自己的巢穴。有科学家觉得这是因为鸟类的视力非常好，它们在广阔的天空中飞行时能够认出自己看惯了的地方，训练信鸽就是利用这一本能。可是在夜间呢？或是穿越在没有任何树木、岛屿的大海上时，它们又是以什么为标志飞行的呢？也许是地磁场、太阳或星辰的位置等，科学家一直都在研究，但这至今仍是一个未解之谜。

⑤ 12 月 1 日

好饿啊！万万没想到连续飞了那么久还没有到。我已经从队伍的第二个掉到最后了。领头的白头鹤姐姐一直鼓励我们：马上就会有一个候鸟服务区，那里有好多好吃的。坚持！坚持！

跨越大洋的迁徙鸟类在中途没有地方能歇脚，必须一口气完成整个迁徙之旅。而有些迁徙的鸟类则可以中途降落到适宜的地点取食，而且能够以非常快的速度重新补充消耗掉的脂肪，以便继续旅程。它们的补给站就是湖泊湿地。

◎ 12月5日

今天终于飞到了终点站，一个叫作鄱阳湖的地方，一路上遇见的灰鹤、黑鹳、白头鹤朋友们都在这儿会合了！天哪，太累了！我要下去泡泡汤，休息一会儿！

你知道吗？鄱阳湖可以说是亚洲最大的越冬候鸟栖息地了！每年占世界总数95%以上的白鹤、50%的白枕鹤、60%的鸿雁都在鄱阳湖区域越冬。这里的湿地、泥滩地和浅水区是越冬候鸟的最佳取食地。有的鸟类也会在江苏、上海的滩涂湿地停下，还有的会一直往南飞到香港甚至海南。不过它们不是在城市中心，而是在郊区的湖泊泥滩周围栖息。

几个月过去了，鄱阳湖的天气慢慢更加暖和了，Birdman 要在这里继续生活下去吗？之前说过，到了惊蛰时节，神奇鸟营地就会重新开启。同一物种的候鸟们会约好在北方的某个地方碰面，然后在那里交配、筑巢、孵蛋。如果不走的话，可能今年就失去了交配产卵繁殖后代的机会了，快点回去吧！

在营地中有一个神奇宝贝城，
这里不仅是年轻鸟类的浪漫殿堂、
新手鸟爸鸟妈的学习体验区，
还是神奇鸟世界建筑大师们的艺术天堂。

扫码了解更多

鸟儿不得了

# 4

# 神奇宝贝城

从 Birdman 改造室出来，你已经成为了一个有飞行、迁徙技能的合格 Birdman。但如果你的履历里还没有过“恋爱带娃”，那你的鸟生活体验之旅可不够完整哦。在营地中有一个神奇宝贝城，这里不仅是年轻鸟类的浪漫殿堂、新手鸟爸鸟妈的学习体验区，还是神奇鸟世界建筑大师们的艺术天堂。游历完神奇宝贝城，要是再有人说你是什么都不懂的小屁孩，你就可以反问他几个关于鸟类带娃的问题。

# 恋爱游乐园

鸟儿们自然是不需要学习语数外的，对它们来说恋爱才是必修课之一。想象一下，如果向喜欢的同学表白可以让你的学习成绩越来越好，也许父母老师就不会反对早恋了。当然，我绝对不是在教唆你早恋，而是要讲几个努力奋斗的励志故事。神奇宝贝城为青春洋溢的鸟儿们打造了一个恋爱游乐园，里面设有花样繁多的项目体验区，许多鸟儿会来这里提升自己的求偶技能，我们将从这里开启你的鸟生活体验之旅。

## 第一站：情歌 KTV 俱乐部

喜欢来 KTV 的大部分是像画眉这样的鸣禽，而且大部分是男性青年，它们需要靠曲调多变、婉转动听的“音乐”吸引异性。鸟界的情歌王子除了要有一副天生的好歌喉，还必须时刻紧跟文化潮流，因为有许多情歌曲目需要后天模仿和学习。由于每种鸟都有其特有的“曲风”，它们需要练习的曲目各不相同，俱乐部特地为每种鸟设置了一个个小包间。设有木制编钟的是啄木鸟的包间，因为它一般用嘴敲木头，靠“打击乐”来找女朋友；晚上开放的是给夜莺［学名新疆歌鸲（qú）］的包间，这家伙最喜欢熬夜唱情歌，这时候大部分鸟都睡了，它们的歌声就显得格外悦耳。

你知道吗？

## 鸟类的语言系统

鸟类能发出两种声音：鸣叫和鸣唱（你可以理解为“说话”和“歌唱”）。鸣叫只有几种简单的音调，主要用于与同伴联络沟通、亲子互动等。而鸣唱在韵律和音调上都比鸣叫复杂得多，它受控于性激素（主要是雄性激素），鸣唱主要用于求偶（我很优秀，快来关注我）和领地防御（走开，这是我的地盘），一般来说鸟类可以通过先天遗传或者后天学习来掌握鸣唱技能。有些鸟儿甚至发展出了独具特色的雌雄伴侣鸣唱二重奏，通过对唱情歌来联络夫妻感情。

这家 KTV 俱乐部的老板是暗绿柳莺，它创办俱乐部的原因是为了能够随时练习异域情歌，以追求一位在西伯利亚中部遇见的姑娘。暗绿柳莺的祖先生活在青藏高

原周边地区，它们的鸣声短而简单。当年有两波家族成员分别从青藏高原东西两侧向北扩张，它们的鸣声逐渐变长，旋律也变得复杂。当两队迁徙的家族成员最终在西伯利亚中部再次相遇时，经历了不同迁徙路线的暗绿柳莺祖先已经发展出了明显不同的语言体系，完全无法进行交流，更别提恋爱结婚了。

俱乐部设计小包间除了考虑到每种鸟的曲风不同以外，还有一个重要原因，就是为了避免一些学习能力强的顾客练错曲目，这很可能导致顾客找错另一半。比如，斑姬鹟和白领姬鹟属于远房亲戚，有时候这两种鸟会居住在同一片区域，曾经有斑姬鹟雄鸟错误地学习了白领

姬鹟的鸣声，这种混合情歌能够吸引白领姬鹟成为自己的爱慕者。

## 第二站：恋爱秀场

当然鸟类的才艺可不只是唱歌，为了在心爱的人面前表现自己，不同的鸟类都拿出了自己的看家本领，有的是精心打扮，有的则是武力决斗。想要看到这些精彩表演，去游乐园恋爱秀场再适合不过了，这是一个融合了时装比拼、才艺竞赛、相亲交友的多功能秀场，现场好不热闹。

瞧，时装T台秀已经开始了！这里集合了一批以孔雀为代表的、信奉“颜值至上”的鸟类（因为雌雄长相差别较大，科学家称之为性二型鸟类），它们挑选伴侣的第一原则就是看外表，在它们眼中华丽的外表预示着健康的体魄。T台上表演的大多是男模，没错，一般来说雄鸟比雌鸟拥有更华丽的外貌，通过展示鲜艳的羽毛或者高度特化的皮肤结构（比如雄军舰鸟的红色气囊、雄角雉的彩色肉裙等）来抱得美人归。哦，对了，抱得的往往不如自己美！台下的女观众们基本上都外貌朴实无华，因为它们未来承担着孵化孩子的重任，暗淡的羽色更适合隐藏自己。有人打趣道：“看颜一时爽，育儿自己扛。”因为看颜值也是有风险的，一般越是漂亮显眼的“爸爸”越可能不管孩子。不过长得显眼也增加了被天敌捕食的风险，看在它们冒着如此高风险的份上，也许你能原谅这些高颜值爸爸们的偷懒行为啦。

当然，除了好看的皮囊，鸟儿有时候还会采用更加直接的方式展现自己的健康程度，那就是决斗，其中群体竞技场仪式（简称打群架）是最有趣的决斗表演形式之一。在剧场里专门设置的擂台区就是为这些竞技型鸟类准备的，至少有 85 种鸟类会采用这种独特的求爱仪式，所以这个竞技剧场的生意还不算太差。今天上场的主角是来自北美的艾草榛鸡。春天正是它们繁殖的季节，雄鸟会按照惯例聚集到一个公共竞技场进行各种形式的炫耀比赛，以吸引异性的注意，比如抖动胸部的气囊发出响亮的声音，有时还会发生格斗，站在一旁观看的是雌鸟，大多数雌鸟都会选最终获胜的那只雄鸟作为自己的配偶。

**第三站：杂技舞厅**

如果你不喜欢靠武力解决问题，那么我推荐你去杂技舞厅看看，那边的鸟儿不仅颜值高，还有着精湛的舞艺。这里有国际知名的舞蹈工作室——极乐天堂，工作室聚集了各种极乐鸟（又名天堂鸟）的家族成员。它们除了能表演丰富的舞蹈类型，还以持久的耐力闻名，它们的表演可持续数小时，这大概就是爱情的力量吧。值得一提的是，鸟世界中有成员和迈克尔·杰克逊撞舞（到底是谁借鉴了谁还有待考证），它们是中美洲和南美洲的特有鸟类——红顶娇鹟，它们最擅长的舞蹈要属月球漫步。在求爱季节，雄鸟会聚集成一个小群体，集中展示自己精湛的舞技。每只鸟都会选择一根没有树叶的栖木，将其作为求偶展示的舞台，有时候，还会加入自己独特的音效，和杰克逊一样属于唱跳全能型选手无疑了。

前面介绍的几个舞种都属于“地面舞”。来到鸟类世界，自然不能缺“空中舞”，毕竟舞厅也无须增加吊威亚的经费。猛禽和雨燕等飞行技能高超的鸟类会举行一种叫作婚飞的仪式，雌鸟和雄鸟在天空中翻飞追逐，交流感情。其中白头海雕的婚飞舞蹈以惊险著称，当两只白头海雕相互吸引时，它们会飞得很高，然后四爪紧握，疾速下坠，与其说是舞蹈更像是杂技表演。通常在到达地面之前，两只鸟会分开，但也发生过没能及时分开导致撞地而亡的“殉情悲剧”。这一充满风险的行为算是确认双方是否合适的“测试”，一旦通过，两位杂技大师便会相伴终生。

# 鸟巢经纪人

从游乐园出来，你一定发现了，要谈一场鸟类的恋爱确实挺不容易的，但这只是鸟生活体验的第一站，大部分鸟儿一旦拥有了美满的爱情，就要开始考虑“房子”(鸟巢)的问题了。在鸟类世界,“房子”总是和“孩子”密切相关，鸟巢不是永远的家，只是为了孵化和守护幼鸟而存在，所以只有即将成为父母的鸟儿们才会为房所困。

## 挑战时间

### 没有鸟巢，鸟儿平时怎么睡觉？

A. 随便找个地方躺下，风餐露宿才是野鸟该有的生活。

B. 睡什么睡？世界那么危险，偶尔打个盹就够了！

C. 站着就能睡着，根本不需要什么床和房子之类！

鸟类没有和人一样的深睡眠，即使在夜里也和白天一样，睡眠很浅、睡眠时间很短，如此一来，面对天敌的袭击，可以迅速飞走或逃脱，保住一命。鸟儿还有一项特殊技能，那就是“站着”休息，鸟在休息时看似站着的腿部其实是蹲着，弯曲后的腿可以利用肌腱把鸟爪收紧抓住树枝，而肌肉却是放松的，所以就算睡着了也不用担心掉下来，科学家管这种姿势叫“肌腱锁定”。这和啄木鸟能垂直站在树干上、鸸（shī）能悬挂在树洞内壁上休息，道理是一样的。

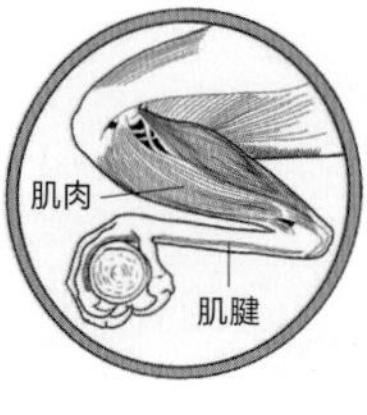

你知道吗？

## 鸟类的古怪睡眠习惯

1、 许多鸟的“颈部瑜伽”练得不错，喜欢把喙埋进翅膀里休息，据说是为了给裸露的嘴巴保温，不过警觉的它们绝对不会埋头大睡，因为需要随时睁眼察看敌情。

2、 好些鸟儿喜欢单腿站着睡觉，比如丹顶鹤、红鹳和白鹭等，有研究指出火烈鸟单腿站立反而更稳定，也不怎么消耗肌肉的能量。

3、 蓝冠短尾鹦鹉可以像蝙蝠一样倒挂着睡觉，它绿色的背部看上去就像是一片树叶，减少了被袭击的概率。

睡姿集锦

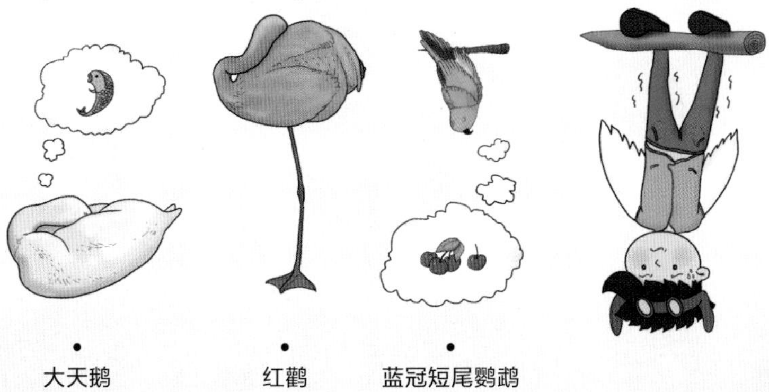

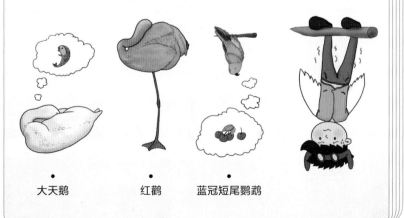

## 最不走心鸟巢

法国有一句民间谚语：“人类什么都能造出来，除了鸟巢。”这说明鸟类世界有许多能工巧匠，能造出千姿百态、巧夺天工的鸟巢作品。当然也有例外，有些鸟类也非常随性。城内正在举办一场“最不走心鸟巢”颁奖典礼，今年的冠军是白燕鸥，她从不筑巢，每次就在枝杈间或凹坑内产一枚蛋，不过好在白燕鸥宝宝刚孵出来脚和爪就能牢牢抓住树枝；第二名是北极燕鸥，她的卵与周围环境颜色极为相似，所以对安全性自信满满的北极燕鸥有时候只在地上挖个坑了事；第三名是我们常说的野鸡，也就是科学家口中的雉鸡，它的巢也就比普通燕鸥多铺了点树枝、草茎和树叶，难怪人们说这种地面巢可谓鸟巢中最简陋的类型。

## 鸟巢经纪公司

如果说白燕鸥不走心筑巢算是偷懒，至少这种偷懒并不影响他人，可有些鸟类不仅偷懒甚至还走上了“偷”巢的道路。比如猫头鹰通常都是找个树洞随便住，或者利用鹰和喜鹊的弃巢，有时也会强行霸占其他鸟儿的巢。比如鬼鸮就会强行霸占其他鸟类的巢，这让被人类尊称为“捕鼠英雄”的猫头鹰家族在鸟界备受嫌弃。这不，为了提升家族名誉，有只鬼鸮来到神奇宝贝城开起了鸟巢经纪公司，希望将猫头鹰“废巢再利用”的优点放大，推动鸟巢的可持续利用。

记者：鬼老板，你为什么会想到开鸟巢经纪公司？

鬼鸮：我发现许多精美的鸟巢在完成育儿功能后就会被抛弃，实在太浪费，还有不少鸟儿并不想筑巢，我希望能够让废弃鸟巢再利用。

记者：所以你们公司有点类似于房产中介？

鬼鸮：有这个功能，我们同时还致力于文化推广，为优秀的鸟巢建筑师宣传作品。

记者：明白了，就像是明星经纪人，你们是鸟巢建筑经纪人。

鬼鸮的经营理念受到了宝贝城政府的支持，已经成为公益连锁品牌。作为新手 Birdman 的你，如果想要了解鸟巢文化，最快捷的方法就是到鸟巢经纪公司实习一阵子，这里可以查到最齐全的鸟巢资料库哦！

在查阅这些神奇的鸟巢资料之前，你需要先学习一下鸟类“选房”的几个基本原则，这样你才能更好地为客户推荐合适的“房源”。

## 育幼选房三原则

1、聚拢功能：最基本功能，保证圆圆的鸟蛋不滚走，一家人(一窝蛋)在一起才更方便同时被孵化。

2、安全性能：蛋宝贝和刚出生的鸟宝贝太脆弱，天敌越多，对隐蔽性和坚固性的要求越高。

3、保温效果：一个温暖的家，更适合孵化鸟宝宝。

OWL
鸟巢经纪公司
房产资料

**类别：树屋房**

1 号房源

# 复古封闭式泥坯房

**推 荐 语：** 耗时多月精心打造的独立一室户，形似面包烤炉，特制的混合黏土经过阳光的烘烤变得如混凝土般坚固。适合对房屋遮风挡雨、安全稳固有要求的客户。

**安全指数：** ★★★★

**保温指数：** ★★★

**住房空间：** 2—4 枚 🥚 + 🐦

**出售价格：** 200 鸟币

建筑材料：
湿泥、黏土、植被、粪便

居住环境：
树枝上 / 人类围墙上 / 农场栅栏上（多种选择）

建筑师：
棕灶鸟夫妇（阿根廷国鸟、泥和黏土的雕塑家）

**【本房销售须知】**

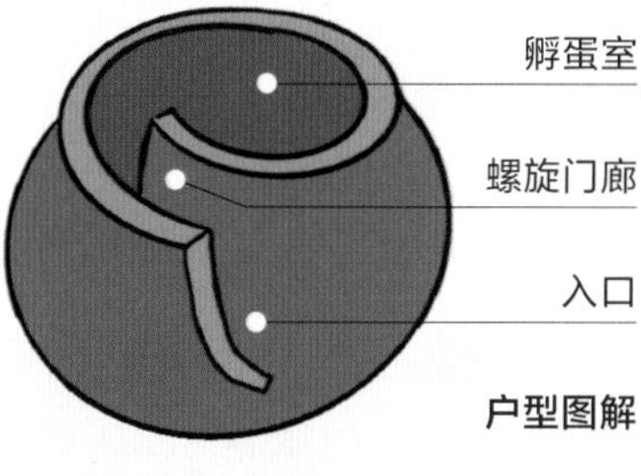


**房　　东：** 棕灶鸟（自建自住）

**文明房客：** 橙黄燕雀、黄腹鹟（房主离开后入住）

**流氓房客：** 紫辉牛鹂（常乘房主不在，偷闯入内产下自己的蛋）

OWL
鸟巢经纪公司
房产资料

类别：树屋房

2号房源

# 超豪华群居公寓

**推 荐 语：** 上百名建筑师合力打造的巨型公寓，鸟多力量大，可以共同抵御外敌；安全、保温性能一流，每户家庭可享单独的居住空间。适合喜欢热闹、擅长处理邻里关系的客户。由于本房房龄已超过100年，一定要注意排水，遇到雨季可能有过重导致整体坍塌的风险。

**安全指数：** ★★★★

**保温指数：** ★★★★★

**住房空间：** 300组家庭

**出售价格：** 20鸟币/月

出入口朝下设计，可以
有效躲避上空老鹰的攻击，
同时也有利于排水。

建筑材料：干草、树枝、羽毛

居住环境：温差大的非洲稀树草原

建筑师：非洲群居织雀

**【本房销售须知】**

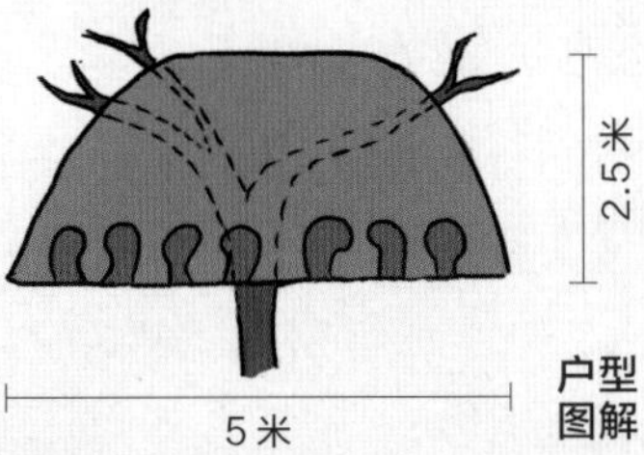
2.5米
5米
户型图解

**房　　东：** 非洲群织雀
（会主动扩建新单间）

**文明房客：** 红头环喉雀、灰蓝山雀
（房主离开后入住）

**可爱又可恨的房客：** 侏隼（可以吃掉威胁房东的蛇，也可能吃掉房东）

OWL
鸟巢经纪公司
房产资料

**类别：树屋房**

3 号房源

# 豪放派露台

**推 荐 语：** 临水而建的超大开放式露台，经过建筑师 4 年的反复翻新扩建，空间大到可以躺下 3 个成年人，适合天敌较少、生活随性、性格不爱受拘束的客户。本房质保期无法预估，每年翻新也许可使用百年，也可能随时因暴风雨或过重而坍塌。

**安全指数：** ☆（我是猛兽我怕谁？）

**保温指数：** ☆

**住房空间：** 鸟巢排行榜 No.1

**出售价格：** 50 鸟币 + 100 胆量

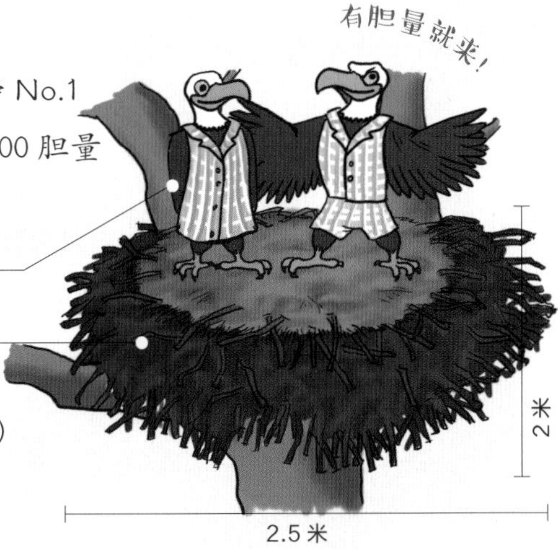


建筑师：白头海雕夫妇

建筑材料：树枝、松针、软草

居住环境：
水源附近大树上（有水才有鱼）

## 【同房型世界纪录】

佛罗里达州一对白头海雕曾建宽 3 米，高 6 米的巢。

## 【本房销售须知】

房屋构造粗糙，因为房东自身强大。一般弱小的鸟类才需要精巧的鸟巢。

OWL
鸟巢经纪公司
房产资料

**类别：水景房**

4 号房源

# 与世隔绝湖景房

**推 荐 语：** 远离湖岸、拔地而起的一座露天“小岛”，幽静安全，适合“水生水长”的客户，购房前提是先学会游泳，不然你可能无法回家。

**安全指数：** ☆☆☆☆

**保温指数：** ☆

**住房空间：** 3—5 枚 +

**出售价格：** 300 鸟币

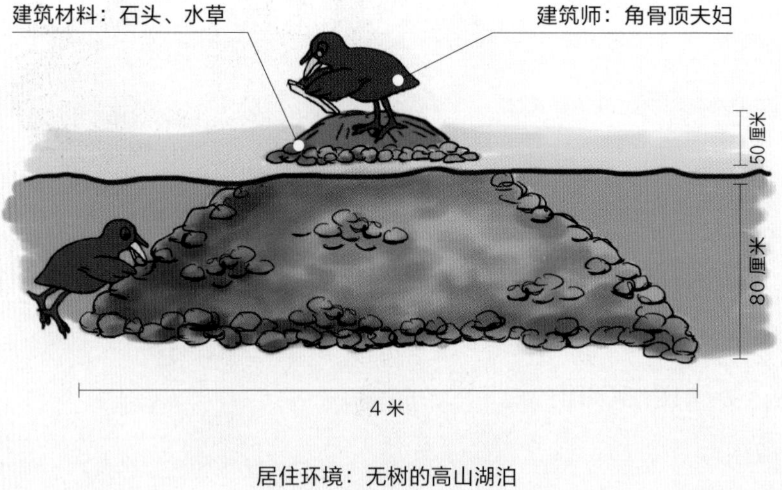


居住环境：无树的高山湖泊

OWL
鸟巢经纪公司
房产资料

**类别：水景房**

5 号房源

# 水上浮艇房

**推 荐 语：** 漂浮于水上的住房能随水的涨落而起落，同时又能保证不被风吹跑。虽然长期湿漉漉的，但据说水草腐烂后可以产热，适合不怕潮湿、喜爱漂流的顾客。

**安全指数：** ☆☆☆

**保温指数：** ☆

**住房空间：** 4—6 枚 +

**出售价格：** 400 鸟币

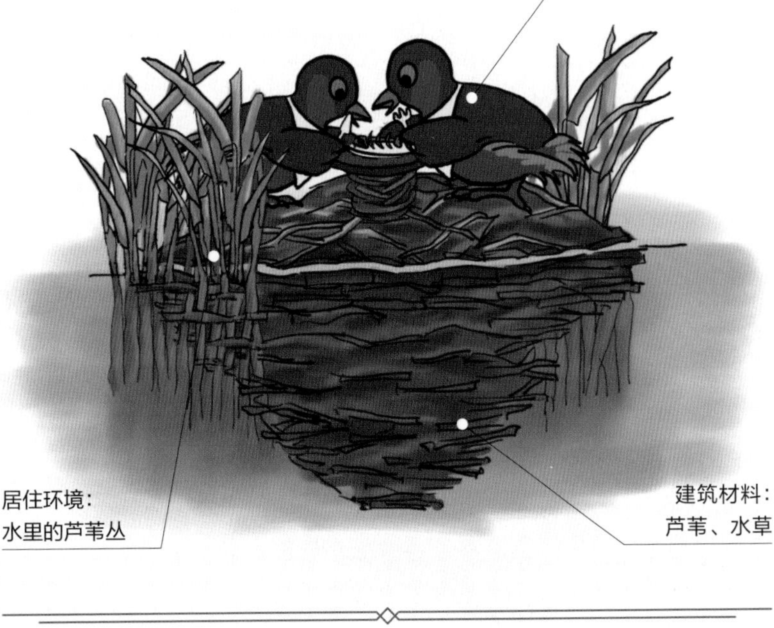

OWL
鸟巢经纪公司
房产资料

**类别：地面房**

## 6号房源

# 恒温小土包

**推 荐 语：** 这是一个只有蛋宝宝住的育儿房，温度时刻保持在33摄氏度。和一般的房子不同，父母不需要进屋陪伴，只需要鸟爸爸定期来看护一下宝贝即可。

**安全指数：** ★★★★

**保温指数：** ★★★★★

**住房空间：** 15—24枚

**出售价格：** 100鸟币

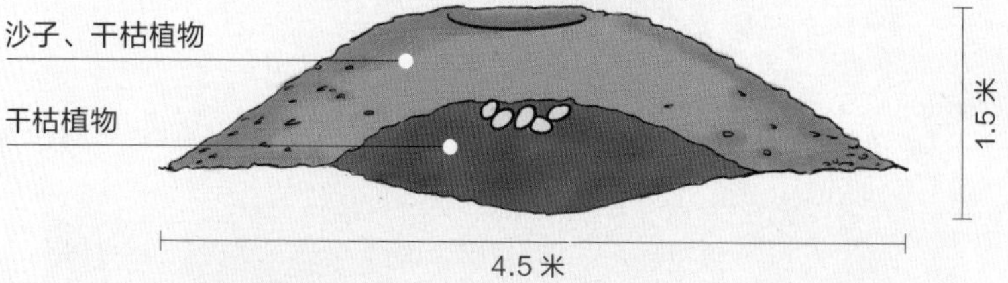


**【住房温度控制须知】**

本房利用植物发酵产生的热来孵化宝宝，可通过调控最上层沙子的厚度来调控中央孵化区的温度。

你知道吗？

## 鸟巢冷知识

1. 城市里的乌鸦找不到筑巢材料时，会偷走衣架筑巢。
2. 世界上最小的鸟巢出自吸蜜蜂鸟，直径只有 2.5 厘米。
3. 啄木鸟夫妻会交替用尖嘴在树上打洞筑巢，却从不会脑震荡。
4. 洋红蜂虎（一种爱吃蜂的鸟）喜欢在上崖上挖洞营巢，深度可达 1 米。
5. 蓝脸鲣鸟坐在地上，用鸟嘴收集附近的便便，把自己包围起来，就造成了一个便便巢。
6. 有一种叫仙人掌鹪鹩（jiāo liáo）的鸟儿会在仙人掌内筑巢，以保护自己。
7. 杜鹃家族一直被其他鸟类投诉从不自己筑巢，还直接把蛋产到其他鸟巢里偷梁换柱。
8. 鸟类大部分是各自单独营巢，集群的少，但大多数海鸟是集群，群巢在岛屿和人迹罕至的地区最为常见。有三种因素可能导致群居：适合营巢的地点有限、营巢地区的食物比较丰富、有利于共同防御天敌。

你知道吗？

9. 白胸鸸(shī)有时将一些甲虫叼回巢中，并将其捣烂后涂在巢壁上，利用甲虫汁液所散发出的特殊气味来驱赶松鼠和其他天敌。

白胸鸸

# 育儿培训中心

你有过躲在被窝里孵鸡蛋的经历吗？或者只是脑中曾一闪而过这个念头？我敢打赌，八九不离十你会以失败告终，除了因为家里购买的是未受精蛋以外，孵蛋本身其实还是一个技术活。不过，你儿时的梦想可能马上就能实现了，接下来我们要到育儿培训中心，你将和其他新手鸟爸鸟妈一起体验带娃那些事儿。

## 孵蛋体验中心

### 生了一窝蛋，放在哪里孵？

毫不犹豫地塞到肚子下面？大部分情况下是对的，只不过准妈妈们要先经历一次“变身”：首先是脱毛，腹部羽毛会脱落，形成一块裸露的区域；其次，露出的皮肤会增厚、血管变得丰富，这款“自热电热毯”就是科学家口中的“孵卵斑”。

大部分鸟类主要依靠孵卵斑在鸟巢里孵卵，不过也有特例，比如鲣鸟用脚底来孵卵，帝企鹅则把卵放在脚面上，靠腹部的皮肤褶皱来孵卵。

鲣鸟

帝企鹅

**你知道吗？**

### 鸟爸鸟妈谁孵蛋？

大部分情况下是鸟妈妈负责孵蛋；也有些种类会协同工作，男女搭配干活不累；仅由鸟爸爸全权负责的也有，但比较少见。一般来说要承担起孵蛋职责的家长，羽毛都不太显眼，毕竟要长时间保持不动，伪装好自己才不容易被天敌发现。

## 除了孵蛋，怎么吃饭？

鸟宝宝发育的理想温度为 36—38℃，那孵蛋过程中饿了怎么办？一天当中能出去溜达多久孩子才不会出事？请根据你自己的情况选择合适的策略：

**A 多吃少餐：**体型较大的鸟类平均一天外出约 3.2 次，每次约 1 小时，因为它们能够储备更多能量，可以一次吃饱后在巢里待久一些。

**B 少吃多餐：**体型较小的鸟类平均每小时就要离巢 3.6 次，每次约 10 分钟，因为它们小小的身体无法储存足够的能量。

**C 分工协作：**有些鸟类会女主内——孵蛋，男主外——觅食。比如犀鸟雌鸟进入洞穴产蛋后，为安全起见，雄鸟就会用泥土把洞口封住，只剩下一个小缝隙。被关禁闭的雌鸟无法外出，靠雄鸟投喂，在此期间雄鸟搬回来的果实数量的最高纪录可达 24 000 个。

血雉可以说是多吃少餐策略的极致案例。它们每天只在清晨外出觅食一次，时间长达近 7 个小时，在此期间血雉蛋会持续降温，甚至在长达 3.5 小时里蛋温都低于 10℃。一般鸟类胚胎在这种情况下一定会严重受损甚至死亡，但是血雉胚胎演化出了超强的耐寒能力。研究人员推测，这种奇特的行为可能是因为它们吃的苔藓营养价值较低，短时间取食无法满足需求。

7 小时快到了，
再吃几口赶紧回家！
太冷啦！
血雉
我们天生抗冻！

## 孵蛋被打扰，离开还是留下？

在回答这个问题之前，需要普及一个鸟类行为学名词：恋巢性。一般雌鸟在孵卵期间会非常依恋它的巢，不过不同的种类表现出的程度各不相同。雉鸡类恋巢性较强，尤其是孵化后期，即使人走到巢边它也不离巢。有些鸟类则有严格的“洁癖”，比如凤头䴙䴘，哪怕别人只用手摸一下卵，它也可能弃巢而去。恋巢是为了保护孩子，弃巢是为了保护自己，果然“保大还是保小”在鸟类世界中也是一个难题啊！

# 雏鸟育儿指导站

经过漫长的孵化过程，鸟宝宝破壳而出。在喜迎新生命的同时，培训中心为新手爸妈们准备了两份礼物。

## 雏鸟分类指南

科学带娃，一定要了解不同种类新生鸟宝宝的不同特点。最不需要爹妈操心是早成雏，比如大部分的地栖鸟类（如鸡）和游禽类（如鸭），它们刚孵出不久就活蹦乱跳，可以跟着父母一起外出觅食；最难带的是只知道张大嘴巴乞食的晚成雏，比如常见的麻雀、燕子和杜鹃，它们需要饭来张口好长一段时间，才能离开父母的照顾；处于两者之间是中间类型，长相不像晚成雏那么柔弱，但依然需要父母喂养，例如许多大型猛禽。

| 宝宝类型 | 宝宝特征 | 育儿指南 | 示例 |
| --- | --- | --- | --- |
| 早成雏 |  | 跟随父母学习觅食 |  |
| 中间类型 |  | 须父母喂养 |  |
| 晚成雏 | 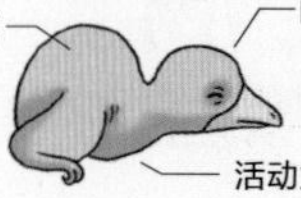 | 须父母喂养 |  |

## 育雏公司服务指南

劳碌的鸟爸鸟妈为了带娃护娃可是操碎了心。指导站专门成立了育雏公司，长期承接兼职父母业务（和人类的月嫂差不多），根据不同顾客的需求提供带娃协助，你可以考虑去实习看看。

**1. 蛋壳处理**

裂开蛋壳的白色内里过于明显，尽早处理才不会被天敌发现。

**2. 卫生保洁**

宝宝的便便需要及时丢出巢外。

**3. 个性喂食**

定制多种专业喂食器，适合不同鸟宝宝需求。

**4. 迷惑表演**

受伤逼真表演，迷惑捕食者，保护幼鸟。

自然博物馆要举办“百鸟汇”科学之夜，

听说，还有神秘任务哦，

快去看看吧！

扫码了解更多

鸟儿不得了

# 5

# 复活吧！博物馆神鸟

很多人的童年记忆里，博物馆和动物园占据了很重要的位置，毕竟野外的鸟类除了声音容易听见，要用眼睛或望远镜找到它们简直是太难了！正巧今晚自然博物馆要举办“百鸟汇”科学之夜，听说，还有神秘任务哦，快去看看吧！

## 慧眼识精灵

前面的大堂里第一个任务已经开始了，博物馆里的鸟标本复活成了鸟精灵，此刻它们正站在展示台上。请你凭借卡片中的线索，运用本书之前所讲的知识，描述这些鸟精灵的特征，推测一下：它们的日常食物是什么？它们是留鸟还是候鸟？它们的本体会是谁呢？

## 一号精灵

## 冰冻鸟

保护技能：雪地隐身

攻击技能：急速冰冻

身体颜色

白色

生存区域

地球北部寒冷之地

特别之处

体色是保护色，易于在雪地中躲藏。
羽毛长到了脚趾上

冰冻鸟的本体是：

## 精灵揭秘

能够在“雪地隐身”，说明这种鸟生活的地方一定有积雪，非常有可能是南北极圈那样的严寒之地，“隐身”还意味着这种鸟不像一般羽色鲜艳的那些种类，而是穿着“雪地迷彩服”，只有白色的羽毛才能让自己在冰天雪地的世界里隐身，躲避天敌的猎捕。松鸡科的鸟类脚上都覆盖着羽毛，这是一种保暖设计。所以冰冻鸟的本体非常有可能是——雷鸟。你答对了吗？

为了躲避风雪侵袭，雷鸟和很多松鸡科的鸟类一样，都会用爪子和身体在雪地上扒出一个可以容身的雪窝。它们把身子埋进雪里，有时候只剩下一颗雪白的小脑袋露在外面，周围厚厚的雪堆可以挡住呼啸的寒风，让它们一夜安睡。

## 二号精灵

# 火焰鸟

**保护技能：山林隐身**

**攻击技能：火眼秒杀**

身体颜色

蓝灰色

生存环境

林地

最大特点

有一簇白色耳羽延伸出“脖子”外面

火焰鸟的本体是：

## 精灵揭秘

注意看！它的眼睛周围的羽毛是红色的，最明显的是耳朵后面有一缕雪白色的耳羽，超过了它的头顶，看起来像两只耳朵，这种气质很微妙。当然，尾羽是精灵“进化”后的样子，火焰鸟的本体其实是蓝马鸡！属于鸡形目松鸡科的一员。

据说，这只蓝马鸡还是一只“头鸡”：天刚蒙蒙亮，蓝马鸡群就醒了，鸣叫声此起彼伏。这只雄性头鸡的叫声最大，带着它的鸡群首先到溪边饮水，接着到莜麦田里找东西吃。这时候“头鸡”很自觉地执行自己的任务——在高处放哨。只要“头鸡”认为发生了什么不正常的现象，就“喔喔”叫两声，整个鸡群马上隐入密林里面去。天黑前，蓝马鸡会飞到 10 米高的大树枝杈中，用枝叶把自己隐蔽好再睡觉。

## 三号精灵

# 吞噬鸟

保护技能：摇头卖萌

攻击技能：吞噬非洲鳄鱼

身体颜色

灰色

生存地点

非洲

脚趾数量

三前一后

最大特点

标志性大嘴

吞噬鸟的本体是：

## 精灵揭秘

仔细看它的脚趾：三前一后，这说明它是一种鹳或者鹤。再看它的嘴巴，居然这么大，而且嘴尖带钩。你猜对了吗？这是生活在非洲的一种独特鸟类——鲸头鹳。

鲸头鹳经常走在沼泽、湖泊的深处，水里的肺鱼、鲶鱼、蛙、水蛇甚至小鳄鱼都是它最爱的美食。它会突然伸长脖子、拍动翅膀，猛扎进水里，并用喙紧紧地咬住食物。为什么说它的保护技能是“摇头卖萌”呢？因为猎物太大嘴也太大了，所以它经常会将一大团水草连同猎物一同衔起，为了把水草甩掉，它不得不使劲晃动嘴巴和头。可爱的侧头动作，配上那双滴溜溜的眼睛，简直萌翻了！

你发现了吗？这三只鸟精灵生活在不同的环境中，导致它们的样貌和生活习性都有着巨大的差异。这说明“一方水土养一方人”的道理对鸟类也是适用的。好了，到了与鸟精灵说再见的时候了，接下来还会有怎样的任务等着你呢？

# 寻找鸟类的祖先

穿过大堂往上走，你来到了一个阴暗的夹层，这里有一扇紧闭的大门，门上挂着一块牌子：“鸟类起源研究室”。只听“嗖”地一声，一个黑影窜了出来。黑影摘下自己的帽子，原来是南方鹤鸵。

**南方鹤鸵**
*Casuarius casuarius*

**分类地位：**
古颚总目，又叫平胸总目

**家族信息：**
现存鸟类里相对古老的一员

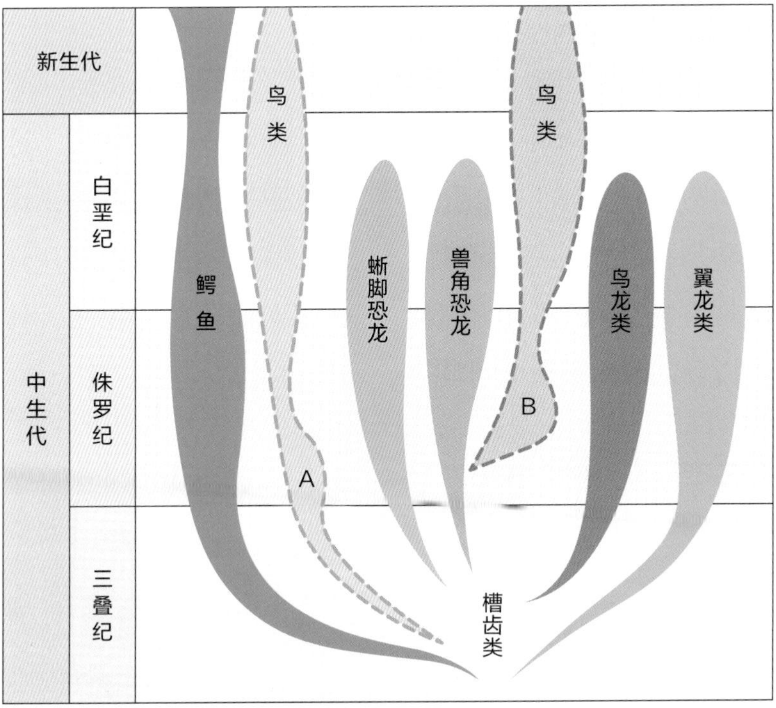


远古鸟类曾经广泛分布在世界各地。在中生代结束后，鸟类已经成为世界性分布的、比爬行动物繁盛得多的脊椎动物。然而由于鸟类的骨骼不仅薄而且充气，十分脆弱，再加上鸟类具有飞翔能力，在突发地质灾害时能够迅速逃脱，所以鸟类被压覆而形成化石的概率相对较低。迄今已被发现的完整的古鸟化石非常稀缺，以致有关鸟类的起源问题百余年来一直是学术界争论的热点。古生物学家们各抒己见，不断有人提出新的鸟类起源假说，也有人在丰富已有的假说。目前比较被认可的假说有两种：假鳄类起源假说和兽脚类恐龙起源假说。

## 假鳄类起源假说

早在 1913 年，南非著名古生物学家布鲁姆在他的学术论文里就记录了一种小型假鳄类动物——派克鳄，这种动物生活在早三叠纪的南非。在古生物学家看来，这种动物和最早的鸟类有很多共同的特征：身形纤细，骨骼具空腔气窦，头骨有双颞孔，有眶前孔和下颌孔，具槽齿等，因而被认为可能是鸟类的祖先。

**派克鳄**
*Euparkeria*
槽齿类爬行动物

**名称含义：** 以英国科学家派克的名字命名

**时　　代：** 2.35 亿年前

**化石产地：** 南非

**大　　小：** 体长 60 厘米

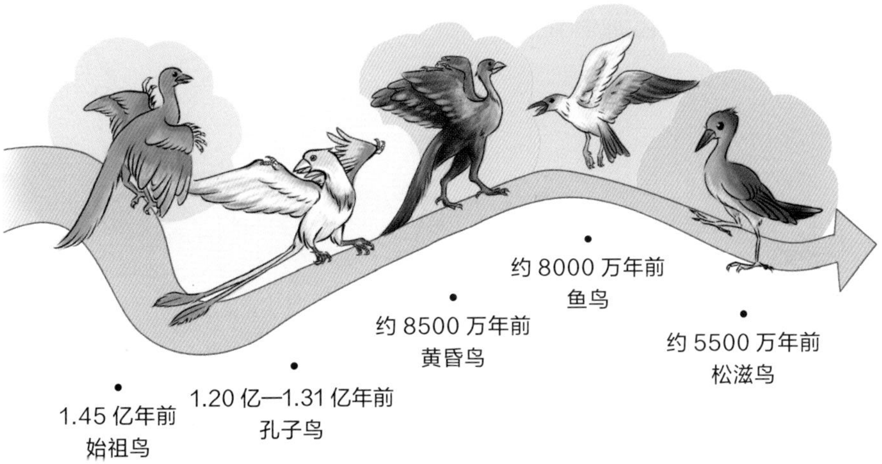


然而，这种假说的最大不足之处是化石证据的空缺：一些似鸟的假鳄类，例如派克鳄、喙头鳄，都生活在 2.35 亿年前的三叠纪时期，而始祖鸟则生活在约 1.45 亿年前，即便有些有羽恐龙能追溯到更早，也要比派克鳄晚出现 5000 多万年，在这漫长的 5000 多万年时间内，尚未有任何化石证据遗留下来。考虑到生物的不断演化需要连续的化石证据来支撑，因此，假鳄类起源假说似乎还不够有说服力。

## 兽脚类恐龙起源假说

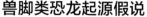

1868年，达尔文的忠实支持者赫胥黎认为始祖鸟和美颌龙（*Compsognathus*）的骨骼形态相似，从而提出了鸟类恐龙起源假说。当时人们把始祖鸟当成“最早的鸟类”，而美颌龙是一种小型肉食性恐龙，两者的化石位于同一时期的地层。值得一提的是，美颌龙化石发现于1859年，同年达尔文的《物种起源》一书出版。

20世纪70年代，耶鲁大学的研究者奥斯特罗姆基于对恐爪龙（*Deinonychus*）和始祖鸟的对比研究，复兴了鸟类恐龙起源说。

20世纪90年代，中国辽宁西部“热河生物群”的大量带有羽毛的恐龙化石与鸟类化石，颠覆了科学家对鸟类的定义，也进一步支持了鸟类恐龙起源的假说。科学家通过不断发现新的化石证据解释了许多矛盾，他们认为：鸟类起源于兽脚类恐龙，而在恐龙时代物种大灭绝的过程中，凭借着翅膀与飞翔能力，这些恐龙的后裔逃过一劫，最终演变为鸟类。最具说服力的证据是：手盗龙类也有类似鸟类锁骨（叉骨）的雏形，前肢有半月形腕骨，尾骨出现缩短和愈合现象，表明其适应飞翔的进化趋势。由此可以推测，鸟类起源于蜥臀类恐龙的后代兽脚类恐龙中的一支——手盗龙类。关于恐龙到鸟的转变的一系列研究，曾入选 2014 年度美国《科学》杂志年度十大科学突破。

在国内外许多研究团队的共同努力下，鸟类起源已经成为证据链最全的主要演化事件之一。在一些有关演化的教材，甚至普通生物学教材中，恐龙—鸟类的演化都被列为有关宏观演化（即物种水平以上的演化）的主要例证。不过，鸟类起源研究领域依然存在许多问题有待回答，比如：从羽毛到翅膀如何演化？飞行能力如何产生？鸟类的翼和兽脚类恐龙的指有没有同源关系？这些都等着古生物学家去探索。

如果让你把这些研究结果告诉南方鹤鸵，你能说清楚吗？试试看吧！

亲爱的南方鹤鸵：

关于到底你们鸟类家族的祖先是谁这个问题，我查了一些资料，一直以来科学家们都在探索这个问题，他们提出了两个假说，分别是（　　　　　　）和（　　　　　　），

我觉得是（　　　　　　），

因为（　　　　　　）。

署名：

日期：

挑战时间

## 不用负责的大猜想

假如没有发生6600万年前的那次灭绝，恐龙生存到现在，会长成什么样呢？

当中国古生物学家徐星被问及这个问题时，他回答说：“现在你在动物园里看到的鸟类、餐盘里的鸡，都是恐龙的后代，这是恐龙的一个支系演化而成的样子。”

请你打开脑洞想一想：如果恐龙有其他支系存活下来，今天它们可能演化成什么模样？

漫长的冒险之后，神奇鸟世界又将送走一位爱冒险的 Birdman，请接受这枚可以上天入地的勋章，它能让你随时重新换装回到鸟世界，它还是重启恐龙世界的关键道具！而且，听说散落在世界上的植物猎人们也正在赶往那里继续冒险！

其实，成为 Birdman 也好，复活鸟精灵也好，都只不过是充满好奇的想象，真实的世界远比书中的更加有趣更加变幻无穷。观鸟人数每年都在增加，关于现生鸟类和鸟类化石的研究仍然在继续，就连当下的分类系统也会随着研究的深入而不断更新。所以，走出书本吧！去观鸟，去成为它们的朋友，成为这不断变化的自然世界中最富有活力的一个好奇者！